ビジネスマンのための新教養
UXライティング

髙橋 慈子
Shigeko Takahashi
著
冨永 敦子
Atsuko Tominaga

UX Writing

SE
SHOEISHA

本書内容に関するお問い合わせについて

このたびは翔泳社の書籍をお買い上げいただき、誠にありがとうございます。弊社では、読者の皆様からのお問い合わせに適切に対応させていただくため、以下のガイドラインへのご協力をお願い致しております。下記項目をお読みいただき、手順に従ってお問い合わせください。

ご質問される前に

弊社Webサイトの「正誤表」をご参照ください。これまでに判明した正誤や追加情報を掲載しています。

正誤表　https://www.shoeisha.co.jp/book/errata/

ご質問方法

弊社Webサイトの「刊行物Q&A」をご利用ください。

刊行物Q&A　https://www.shoeisha.co.jp/book/qa/

インターネットをご利用でない場合は、FAXまたは郵便にて、下記“翔泳社 愛読者サービスセンター”までお問い合わせください。
電話でのご質問は、お受けしておりません。

回答について

回答は、ご質問いただいた手段によってご返事申し上げます。ご質問の内容によっては、回答に数日ないしはそれ以上の期間を要する場合があります。

ご質問に際してのご注意

本書の対象を越えるもの、記述個所を特定されないもの、また読者固有の環境に起因するご質問等にはお答えできませんので、予めご了承ください。

郵便物送付先および FAX 番号

送付先住所　〒160-0006　東京都新宿区舟町５
FAX番号　03-5362-3818
宛先　（株）翔泳社 愛読者サービスセンター

●免責事項

※本書の内容は，本書執筆時点（2020年10月）の内容に基づいています。
※本書に記載された URL 等は予告なく変更される場合があります。
※本書の出版にあたっては正確な記述に努めましたが，著者および出版社のいずれも，本書の内容に対してなんらかの保証をするものではなく，内容やサンプルに基づくいかなる運用結果に関してもいっさいの責任を負いません。
※本書に掲載されている画面イメージなどは，特定の設定に基づいた環境にて再現される一例です。

はじめに

商品やサービスについてユーザーに文章で説明する……ビジネスに携わる人ならば、誰もが経験していることでしょう。

こんなとき、今までのビジネスライティングは「正確に、わかりやすく伝えること」を目指していました。もちろん、「正確にわかりやすく伝えること」はとても大切です。

しかし、これからはそれだけでは不十分です。もっとユーザーの気持ちに寄り添い、ユーザーのニーズを知り、そのニーズを満たすライティング技法が必要とされています。それが「UXライティング」です。

本書は、UXライティングの初心者が以下のゴールに到達できることを目指しています。

UXライティングとは何か、どのように役立つかを知る

本書では、UXライティングの事例を紹介しています。事例を通して、UXライティングがどのようなところで、どのように活かされているのか、どのような効果を生んでいるのかを具体的に知ることができます。

UXライティングのプロセスを知る

UXライティングには、ユーザーの利用状況の分析、ユーザーニーズの明確化、解決策の作成・実装、解決策の評価といった、一連のプロセスがあります。本書では、そのプロセスについて具体例を通して知ることができます。

UXライティングを体験する

UXライティングができるようになるには、練習が必要です。本書では、章ごとに演習問題を用意しています。演習問題に取り組むことにより、UXライティングを体験できます。

本書がUXライティングの入門書としてお役に立つことを願っています。

2020年10月　冨永敦子

この本の使い方

必要なところだけを読んでも OK ！

本書には 5 つの章があります。それぞれの章は独立しているので、知りたいと思う章だけを読むことができます。

第 1 章　UX（ユーザー体験）がビジネスを変える

UX（ユーザー体験）とは何かを紹介しています。なぜ UX が重視されるようになったのか？ 背景やメリットを知ることができます。

第 2 章　UX ライティングで課題を解決する

UX ライティングにより成功を収めている事例を 4 つ紹介しています。事例を通して、UX ライティングの効果を知ることができます。

第 3 章　UX ライティングのプロセス

UX ライティングではユーザー体験を大切にします。では、どのように進めればよいのでしょうか？ 第 3 章では、UX ライティングのプロセスとして、ユーザー観察、インタビュー、ペルソナ法、ジャーニーマップなどの手法を知ることができます。

第 4 章　わかりやすくなる書き方のポイント、UX のスタイルガイド

「ユーザーにとってわかりやすい、安心できる」そんな文章の書き方を紹介します。ダメな例とその修正例により、なぜダメなのか、どうすればよくなるのかを知ることができます。

第 5 章　よりよく伝える改善の取り組み

第 5 章では、改善の結果を確かめる方法を紹介しています。アンケート作成のコツ、A/B テストの方法、レビューについて知ることができます。

図解や文例を先に見ても OK！

本書では左ページに解説、右ページに図解や文例を載せています。解説を読みながら図解や文例を参照するという、普通の読み方でももちろん OK です。図解や文例を先に見るというやり方でも OK です。図解や文例を先に見ると、全体像をイメージしやすくなります。

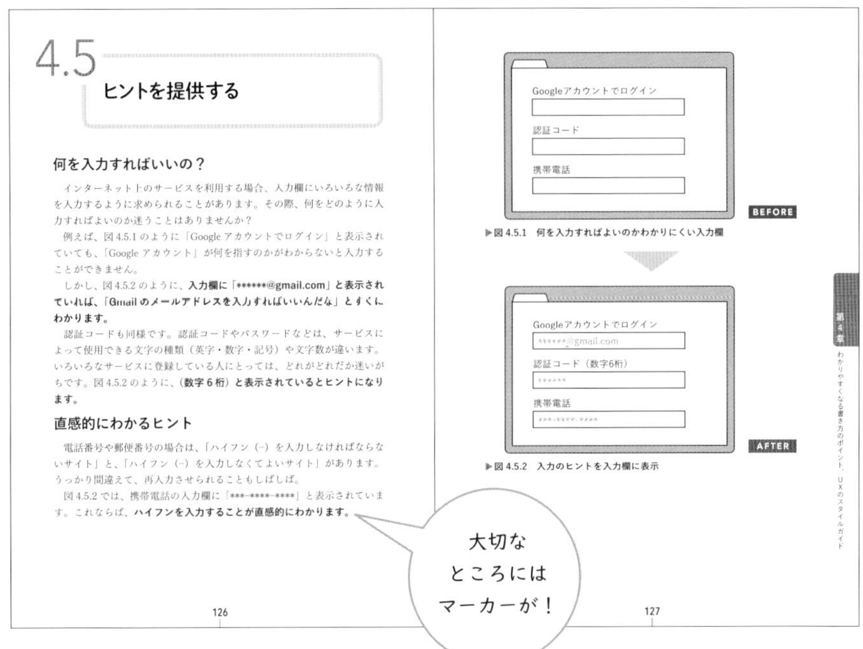

4.5 ヒントを提供する

何を入力すればいいの？

インターネット上のサービスを利用する場合、入力欄にいろいろな情報を入力するように求められることがあります。その際、何をどのように入力すればよいのか迷うことはありませんか？

例えば、図 4.5.1 のように「Google アカウントでログイン」と表示されていても、「Google アカウント」が何を指すのかがわからないと入力することができません。

しかし、図 4.5.2 のように、**入力欄に「******@gmail.com」と表示されていれば、「Gmail のメールアドレスを入力すればいいんだな」とすぐにわかります。**

認証コードも同様です。認証コードやパスワードなどは、サービスによって使用できる文字の種類（英字・数字・記号）や文字数が違います。いろいろなサービスに登録している人にとっては、どれがどれだか迷いがちです。図 4.5.2 のように、**（数字 6 桁）と表示されているとヒントになります。**

直感的にわかるヒント

電話番号や郵便番号の場合は、「ハイフン（-）を入力しなければならないサイト」と、「ハイフン（-）を入力しなくてよいサイト」があります。うっかり間違えて、再入力させられることもしばしば。

図 4.5.2 では、携帯電話の入力欄に「***-****-****」と表示されています。これならば、**ハイフンを入力することが直感的にわかります。**

126

▶図 4.5.1 何を入力すればよいのかわかりにくい入力欄

▶図 4.5.2 入力のヒントを入力欄に表示

127

社内研修・授業のテキストにしても OK！

本書は UX ライティングの初心者を対象としています。「UX ライティングとは何か」から始まり、UX ライティングの事例、一連のプロセス、ライティング技法、改善結果の確認までを順序立てて学べます。ご自分の知識を増やし仕事に役立てる自習用テキストにするだけでなく、社内研修・授業のテキストにも向いています。

各章はどれも約 30 ページです。1 つの章は、専門学校や大学の授業の 1 〜2 回で扱える分量です。学習者に章末の演習問題を解いてもらい、各自の解答内容について学習者同士でディスカッションすることもできます。

目　次

■付属データのご案内

次のサイトから、第3章で紹介している図と巻末の参考文献一覧をダウンロードできます。図はテンプレートとしてご利用ください。

https://www.shoeisha.co.jp/book/download/9784798167459

※付属データのファイルはzip形式で圧縮しています。任意の場所に解凍してご利用ください。

▶3.3　ペルソナシート
▶3.4　ジャーニーマップ（AS-IS）、ジャーニーマップ（TO-BE）
▶3.5　ストーリーボード
▶巻末　参考書籍・おすすめ書籍

◆注意

※付属データに関する権利は著者および株式会社翔泳社が所有しています。許可なく配布したり、Webサイトに転載することはできません。
※付属データの提供は予告なく終了することがあります。あらかじめご了承ください。

◆免責事項

※付属データの提供にあたっては正確な記述につとめましたが、著者や出版社などのいずれも、その内容に対してなんらかの保証をするものではなく、内容やサンプルに基づくいかなる運用結果に関してもいっさいの責任を負いません。

第1章

UX(ユーザー体験)が ビジネスを変える

1.1 モノからコトへ。UX が注目される理由

商品購入から体験へ。テレビと動画配信

新型コロナウイルス感染が世界中に広がった2020年は、「人の体験」が大きく変わった年でした。仕事の仕方も、買い物の方法も、人との付き合い方も変化しました。この数年、物品の所有から体験に価値を置いた社会へと変わりつつあると指摘されていたことが、より顕著になりました。**「モノ」から「コト」へ、サービスデザインへの変革が進んでいます。**

こうした変化の兆しは、水面下で進んできました。例えば、映像の楽しみ方で考えてみると、この60年で大きく変わっています。1960年代の高度経済成長の時代は、映像を楽しむにはテレビというモノの購入が必要でした。一家に1台、テレビを購入し、家族がお茶の間に集まって視聴するというのが、映像体験の一般的なスタイルでした（図1.1.1）。

1970年代になるとビデオデッキをテレビにつないで録画した番組を楽しめるようになり、1980年代にはテレビにつなぐゲーム機がヒットしました。テレビというモノを通した体験が広がりました。

2000年以降になると、映像を楽しむモノは、家庭のテレビからスマートフォンやタブレットに移り変わりました。好きな動画を一人一人がいつでも、見たいときに、自由に楽しむ。YouTubeなどのサービスを使って、自ら発信する人も増えています。

ユーザーとの接点を作ることが勝負の分かれ目

インターネットが普及した2000年以降、ネットを使った新しいサービスが日々、提供されています。膨大なサービスから自社のサービスを選んでもらうには、いかにユーザーとつながっていくかが重要になります。

そこでユーザーとの接点となる、スマートフォンやタブレット画面でのメッセージの伝え方、書き方が重要視されています。例えば、ネットの映像配信の会員登録画面なら、図1.1.2のように工夫されています。

・1960年代～1970年代
一家に1台のテレビを
家族みんなで視聴
・1980年代～2000年
一家に複数台のテレビを、
1人または少人数で視聴
・現在
スマートフォンでいつでも
好きなときに、1人で視聴

▶図 1.1.1　映像の利用で見る、モノからコトへの変化

▶図 1.1.2　ネットの映像配信サービスのトップ画面イメージ

モノ作り視点・機能視点 VS. UX 視点

映像配信サービスの新規会員登録において、従来の機能視点ならば、「今すぐ始める」ではなく、「新規会員登録はこちら」といったボタンを使うのが一般的でした。これは提供者視点の伝え方です。

一方、「今すぐ始める」は、主体はユーザーです。サービスを使い始めるという体験をスタートする、ユーザー視点で書かれています。このような**UX（ユーザー体験）に合わせたことばの使い方や文章表現を、「UX ライティング」と呼びます。**ユーザー視点の表現で伝えることで、「始めてみよう」というユーザーの行動へとつなげていきます。

サービスを利用する前、途中、あと、すべてが UX

スポーツシューズやスポーツウェアのメーカーNIKE（ナイキ）は、スポーツ関連製品を提供するだけでなく、スポーツ体験を通して顧客とつながっていくことに注力している企業として有名です。

オンラインストア、Web サイトそれぞれで UX を高めるための工夫をし、世界中の顧客とつながりを作っています。

図 1.1.3 は、NIKE のスマートフォンアプリの画面です。会員登録へ誘導するだけでなく、「ナイキメンバーに、最高の商品、インスピレーション、スポーツに関するストーリーをお届け。」と、ユーザー視点で表現した文章になっています。

UX デザインでは、サービスを使う前、使い始めるとき、慣れてきた頃、そして場合によってはサービスの利用を終了するときまで、ユーザー体験に合わせた画面やメッセージを工夫します。

ユーザーが置かれた状況に合わせた画面で、ユーザー視点のことばで伝えることで、企業とユーザーのつながりを作っていきます。こうすることでサービスに対する信頼が高くなり、ブランド価値が高まります。

会員になったときの
メリットがわかる
内容と合わせて
提案しています

▶図 1.1.3　NIKE のスマートフォンアプリの画面

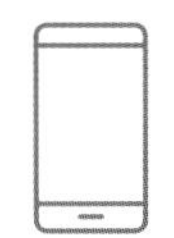

検索　サービス登録　日々、活用　サービス解約

使う前、使い始め、慣れてきた頃、利用の終了…

UX（ユーザー体験）は続く

▶図 1.1.4　UX は時間軸をもってユーザーとつながる

1.2 「ユーザー」は誰？

ユーザーから気持ちが離れているシステム

ユーザーが大切なことは頭ではわかっていても、使いにくいシステムになったり、提供者視点のサービスになったりすることは多々あります。

その理由は、**機能重視でシステムやサービス開発が進められてきたからでしょう。**競合他社と異なる機能や技術を重視し、ユーザーへの配慮が足りなかったからです。ユーザーは盛りだくさんの機能を求めているわけではありません。図 1.2.1 のようにユーザーと開発者の間に距離があるシステムやサービスは、ユーザーにとっては使い勝手が悪く、信頼を得られません。その結果、ユーザーからそっぽを向かれ、ビジネス的にも失敗となります。行政のシステムならば、税金の無駄遣いといわれても仕方ないでしょう。

こうした過去の失敗を解決するために、ユーザー視点でのサービス開発手法である UX デザインが、企業、行政、地域など幅広い分野で注目され、取り組みが始まっています。

仕様書ありきでは、理解されない

製品やサービスに付属している取扱説明書やユーザーマニュアルでも、提供者視点からユーザー視点へと情報の伝え方が変わってきました。従来は技術文書や仕様書を基にして機能について説明し、操作方法を示すのが、取扱説明書やユーザーマニュアルの一般的な作り方でした。

これではユーザーは自分にとって必要な機能が何かを理解して、探し出して読まなければなりません。欲しい情報がすぐに見つからないので、結局、「マニュアルはわからないから、読まない」といわれたものです。

最近はユーザー視点での情報提供の重要性が浸透し、仕様書を基にした取扱説明書やマニュアルが見直されました。紙から電子へと変化したことも後押ししました。ユーザーが必要な情報を素早く検索できるように情報を構造化し、わかりやすいことばで提供するようになってきています。

ユーザー視点で、ユーザーとの距離を近くする

従来のように仕様書を基に取扱説明書やユーザーマニュアルを書いていると、ユーザーとの距離は遠くなります。そこでUXデザインの手法を使って、**ユーザーの困りごとやニーズを分析し、ユーザーに届くことばを使って情報を伝えるUXライティングの手法が、マニュアル制作や画面やWebでの情報発信に取り入れられる**ようになっています。

漠然と「ユーザー」として考えるのではなく、具体的にユーザーの課題や知りたいことを分析し、**システムやサービスを伝える**ことが重要です。

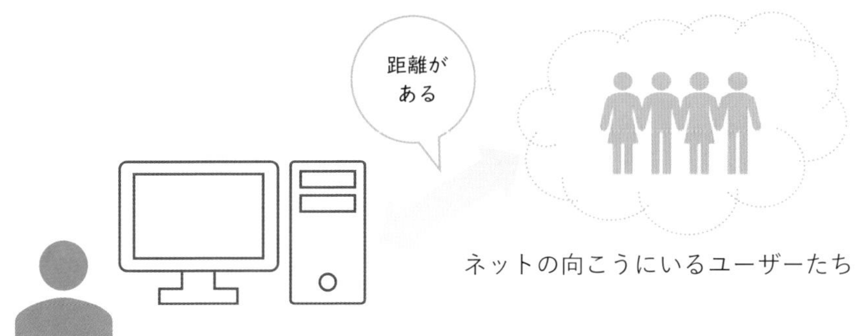

▶図 1.2.1　ネットの向こうのユーザーが見えていない…

▶図 1.2.2　ユーザーを見ずに、仕様書を基に情報提供している

幅広く「ユーザー」を捉える

UXデザインの手法では、まずユーザーを定義します。ユーザーはどのような人たちなのか、**システムを操作する人、利用する人というように、幅広い視点でユーザーを捉えます。**

例えば、2020年の9月からスタートしたマイナポイントサービスは、個人識別番号であるマイナンバーにひも付けられたシステムです。マイナポイントによるポイント還元サービスを利用するには、マイナンバーカードを自治体で申請する必要があります。申請システムを例にユーザーを考えると、発行手続きをする行政の窓口担当者は「直接ユーザー」になります。発行されたマイナンバーカードを利用する市民は「間接ユーザー」です。図1.2.3のように、1つのシステムでも**直接ユーザーと間接ユーザーが存在する**というわけです。

旅行のネット予約のサイトの場合で考えると、旅行を予約し決済をする、例えばお父さんかお母さんが直接ユーザーです。一緒に旅行する、こどもたちやおじいちゃん、おばあちゃんは間接ユーザーといえるでしょう。

直接ユーザー、間接ユーザー、受動的ユーザー

ユーザーをより詳しく分類し、使いやすさやサービスの品質を高めていこうとする取り組みもあります。独立行政法人 情報処理推進機構が2017年に発行した「つながる世界の利用時の品質〜IoT時代の安全と使いやすさを実現する設計〜」では、表1.2.1のようにユーザーを分類しています。これはソフトウエア品質管理の国際規格（ISO/IEC25010）を基に作られた分類で、**直接ユーザー、間接ユーザーに加えて、受動的ユーザーを定義**しています。

医療機器のシステムを使う人を例にすると、直接ユーザーの一次ユーザーは医療機器を操作する技師、二次ユーザーはシステム管理者などが該当します。間接ユーザーは検査を受ける患者さんが該当します。受動的ユーザーはセキュリティのために設置されている、監視カメラに映り込む人々などが該当します。

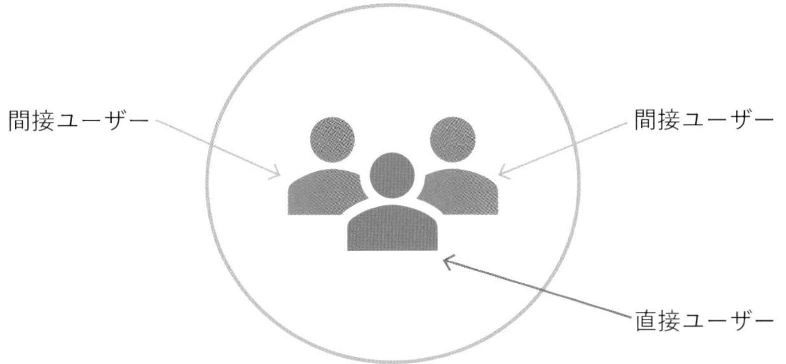

▶図 1.2.3　UX では、直接ユーザーだけでなく、間接ユーザーも含めて「ユーザー」と捉える

▶表 1.2.1　ユーザーの分類

ユーザー	定義
直接ユーザー	システムとインタラクションする人。一次ユーザーと二次ユーザーに区別される
一次ユーザー	主目標を達成するためにシステムとインタラクションする人
二次ユーザー	支援を提供する人
間接ユーザー	システムと直接インタラクションしないが，出力を受け取る人
受動的ユーザー	本人の意図にかかわらずシステムの影響を受ける人

出典）独立行政法人　情報処理推進機構「つながる世界の利用時の品質～IoT 時代の安全と使いやすさを実現する設計～」p. 15 より一部抜粋

1.3 ユーザーとつながる画面

全世代でインターネット利用率が高まる

今では若い人から高齢者まで、スマートフォンやタブレットを使って、日々、インターネットを利用しています。総務省が毎年発行している「情報通信白書」の令和2年版によると、**「国内のインターネット利用率」は、図1.3.1のように、全世代で2018年に比べて2019年の利用率が増加**しています。13歳から69歳までの層ですと、利用率がいずれも90％を超えています。80歳以上の高齢者も、2017年には21.5％だった利用率が、2018年には57.5％と半数を超えています。

家族や友人とのコミュニケーションに使ったり、買い物をしたりといった日常生活での利用はもちろん、災害情報を確認するなど安心して暮らすための情報源として、インターネットを利用する時代になりました。

若い世代では多くの時間をネットに費やす

物心が付いたときからデジタル機器が身近にあり活用してきた若い世代は、インターネットの利用時間が1日の中で長くなっています。内閣府による「青少年のインターネット利用環境実態調査 調査結果（速報）」の令和元年版によると、図1.3.2のように**「趣味・娯楽」にインターネットを使っている時間は119.5分と、ほぼ2時間になります。**「保護者・友人等とのコミュニケーション」に43.9分、「勉強・学習・知育」に33.3分と、**生活の多くの時間をインターネット利用に費やしていることがわかります。**

令和2年度（2020年度）の春からは、新型コロナウイルス感染症対策のために全国的に学校や大学が休校やオンライン授業となりました。今後もオンライン授業と対面授業を組み合わせたハイブリッド型授業を取り入れていくことを発表している大学が増えています。

ネットを使い、画面を通して学び、コミュニケーションすることが新しい標準（ニューノーマル）である世代が、今後は増えていくことでしょう。

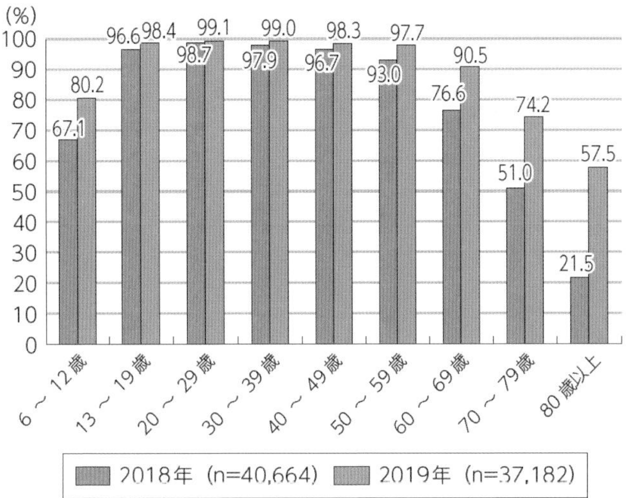

出典）総務省「令和2年版　情報通信白書」p.338／総務省「通信利用動向調査」
https://www.soumu.go.jp/johotsusintokei/whitepaper/ja/r02/pdf/02honpen.pdf

▶図 1.3.1　すべての世代でインターネットの利用が高まっている

目的ごとの青少年のインターネットの利用時間（利用機器の合計／平日1日あたり）

	平均利用時間	
	令和元年度	平成 30 年度
勉強・学習・知育（n＝2034）	33.3 分	35.7 分
趣味・娯楽（n＝2774）	119.5 分	105.6 分
保護者・友人等とのコミュニケーション（n＝2179）	43.9 分	52.4 分
上記以外（n＝1170）	16.5 分	22.4 分

（注）平均利用時間は、「使っていない」は 0 分とし、「わからない」を除いて平均値を算出。
（注）「利用機器の合計」の利用時間は、回答者が利用している各機器の利用時間を合算したもの。
（注）回答数は、令和元年度 総数（n＝2977）小学生（n＝933）中学生（n＝1180）高校生（n＝860）、平成 30 年度 総数（n＝2870）小学生（n＝847）中学生（n＝1118）高校生（n＝894）

出典）内閣府「令和元年度 青少年のインターネット利用環境実態調査 調査結果（速報）」より一部抜粋
https://www8.cao.go.jp/youth/kankyou/internet_torikumi/tyousa/r01/net-jittai/pdf/sokuhou.pdf

▶図 1.3.2　若者が 1 日のうちに「趣味・娯楽」にインターネットを利用する時間は約 2 時間にもなる

ユーザーとサービスの接点＝タッチポイント

日々、若い人から高齢者までが利用しているインターネットのサービスでは、画面を通してユーザーと接します。新規に会員登録をするとき、サービスを利用するとき、さまざまな状況で**ユーザーとの接点となる場面のことをUXデザインでは「タッチポイント」と呼んでいます。**

ネットのサービスでは、タッチポイントを増やし、ユーザーとよりよいつながりを作っていくことが重要です。このため、各タッチポイントで、ユーザー視点で理解しやすいメッセージを表現する「UXライティング」に力を入れて取り組む企業が増えています。

ユーザーとつながり、行動を促す

スマートフォンのアプリやWebサイトを見ると、ユーザーとつながり、サービスを利用してもらおうと、企業がさまざまな工夫していることがわかります。図1.3.3に示す3つの図は、リクルートマーケティングパートナーズが提供する学習アプリ「スタディサプリ ENGLISH ビジネス英語コース」です。

アプリを入手する場であるApp Storeでは、アプリの紹介文として「会議、交渉、プレゼンなどで使える 実践的な英語が身につく」と書かれています。**ビジネスマンが英語を必要とする状況を示して、やる気を促しています。**また、「隙間時間でも学べる」とあり、「忙しいのに、続けられるかな……」と心配になる**ユーザーの気持ちに寄り添う、UXライティングの工夫がなされています。**

アプリをインストールしたあとの画面では、ボタンに「無料レッスンを始める」と書かれており、ビジネス英語コースを無料で体験できることが伝わってきます。「まずは無料で体験してみようかな」という**ユーザーの共感を引き出す文章です。**

その次の画面では、アプリが適宜表示する「通知」についての説明が表示されます。「通知」はユーザーとの有効なタッチポイントになりますが、いくつもアプリを使っているとうるさいと感じ、通知を非表示にしがちです。スタディアプリでは、「学習継続率　お知らせ通知で約1.7倍UP」と**ユーザーメリットを伝え、通知を表示してもらうよう促しています。**

App Storeでの紹介　　　　インストール後の画面

通知の許可に関する説明画面

出典）リクルートマーケティングパートナーズ「スタディサプリ ENGLISH ビジネス英語コース」より

▶図 1.3.3　スマートフォンアプリの「スタディサプリ ENGLISH ビジネス英語コース」の画面

1.4 共感と行動を引き出す「マイクロコピー」

短い文章が勝負の分かれ目

総務省による「令和２年版　情報通信白書」によると、本書執筆時点で最も多く使われているインターネット機器はスマートフォンです。スマートフォン利用を前提にすると、パソコンやタブレットに比べると小さい画面の中で、いかにメッセージを伝え、行動してもらうかが勝負を左右することになります。

そのため、**スマートフォンの小さな画面に表示するメッセージやボタン、入力欄のヒントは、短い文章で書くことが求められます。こうした短い文章をUXライティングでは「マイクロコピー」と呼んでいます。**

「マイクロコピー」がユーザーにとってわかりやすく、共感を得られるものであるなら、新規会員の獲得などの成果（コンバージョン）につながり、ユーザーを増やし、競争力を高めることができます。

このような理由からネット企業では、新規登録を促すためのボタンに表示するマイクロコピーをどうするかを、日々検討し、改善しています。Aパターンと B パターンを用意して、成果が上がるほうを採用する「A/B テスト」といった手法も評価に活用されています。

今すぐユーザーに始めてもらうために

ボタンに書かれている**マイクロコピーからは、企業がどのような戦略で成果を高めようとしているかが見えてきます。**

図 1.4.1 と 1.4.2 は、どちらもネットで映画やドラマを配信しているサービスです。新規登録のボタンのマイクロコピーを見てみましょう。

Netflix のボタンには、「￥80（税抜）で今すぐ体験」と書かれています（注：期間限定のプロモーション画面です）。Hulu では、「2 週間無料でお試し」といった書き方をしています。いずれも無料またはわずかな金額で、すぐに視聴し始められることを訴求していることがわかります。

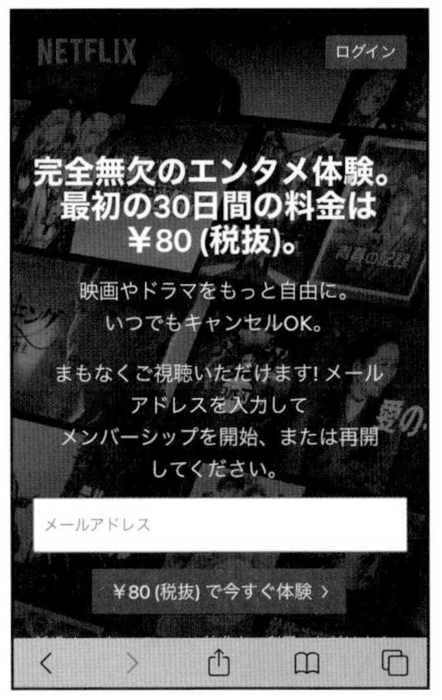

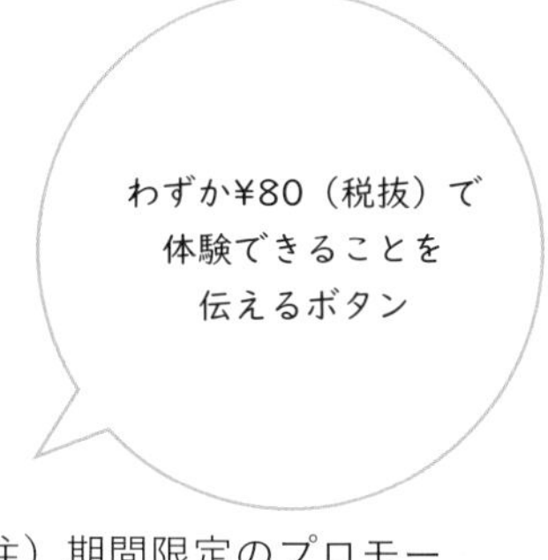

注）期間限定のプロモーション画面

出典）Netflix：https://www.netflix.com

▶図 1.4.1　Netflix のトップ画面

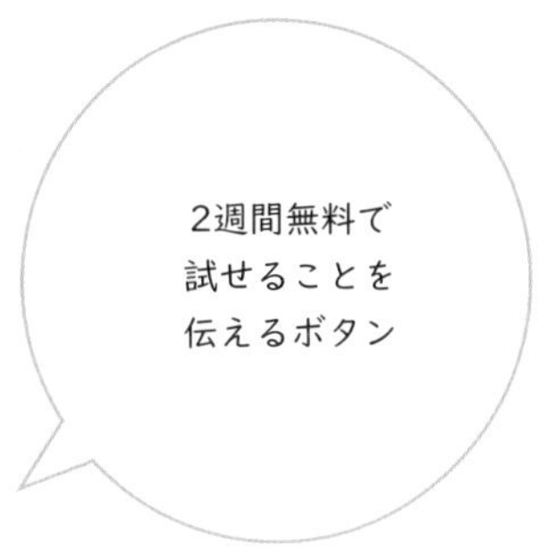

2週間無料で
試せることを
伝えるボタン

出典）Hulu：https://www.hulu.jp

▶図 1.4.2　Hulu のトップ画面(スクロールした画面)

ユーザーを助ける気持ちを伝える

マイクロコピーは、会員登録をさせたり、購入したりすることを促すだけではありません。入力ボックスにグレーの文字で表示されている文章もマイクロコピーの１つです。**入力ボックスの役割を示し、ユーザーに安心を伝える役割を担うこともあります。**

図 1.4.3 は、Microsoft のサポート画面です。入力ボックスには「何かお手伝いできることがありますか？」とマイクロコピーが表示されています。やさしく、やわらかい印象の文章です。ユーザーは、安心してこのボックスにわからないことを入力することでしょう。

困ってサポート画面にたどり着いたユーザーに歩み寄り、安心感を与えようとする姿勢が伝わってきます。何か困ったり、サービスに対して不満があったりするユーザーの気持ちを和ませる効果もあることでしょう。

フレンドリーに伝え、情報を提供する

短い文言で伝えるため、マイクロコピーは堅苦しい文章ではなく、親しみやすい表現が使われることが特徴です。

ビジネスチャットサービスの「Slack」は、フレンドリーな表現のマイクロコピーを活用しています。

図 1.4.4 は Slack のヘルプのトップ画面です。**大きな文字で「こんにちは！ なにかお困りですか？」と呼びかけるようなマイクロコピーが表示されています。フレンドリーで気さくな印象が伝わります。**

入力ボックスの下には、「トラブルシューティング関連の人気トピック」と表示されています。よく検索されるキーワードを表示しているのですが、**「人気トピック」と表現して、困りごとというネガティブな体験をポジティブに捉えようと工夫しています。**

このようにボタンや画面のメッセージ、入力ボックスのような小さな部分の短い文章であるマイクロコピーに気を配って、ユーザーとコミュニケーションを取ることがUX ライティングの特徴です。

入力ボックスの
マイクロコピーで
ユーザーに寄り添う

出典）Microsoft：https://support.microsoft.com/ja-jp

▶図 1.4.3　Microsoft のヘルプ画面

出典）Slack：https://slack.com/intl/ja-jp/help

▶図 1.4.4　Slack のヘルプ画面

1.5 ユーザー体験を高め、仕事に活かす

UX ライティングを日々の仕事に活かす

ユーザーの行動を整理し、あるべき状態や目標へと進めていく**UX デザインと、ユーザー視点で伝え、行動につなげるUX ライティングの手法は、日常業務の中でも活用できる技術です。**

システム部門なら、ユーザーの困りごとに寄り添い、解決方法を伝える手段にUX ライティングを活用できます。業務部門の人なら、社内の各種の申請や文書作成に、UX ライティングの技術を取り入れることができます。

UX ライティングは、専門家にしか書けない文章技術ではありません。社内の関係者やチームの仲間をユーザーと考えれば、彼らのユーザー体験を高めよりよい状態に進めるように、文章を使って伝える場はいくつもあるはずです。わかりやすい文章で伝えればチーム全体の仕事が効果的に進み、生産性が高まります。

ここでは情報システム部門の担当者と、業務部門の担当者の2つの事例で、UX ライティングをビジネスに活用する方法を説明しましょう。

社内のユーザーの声を聞き、FAQ に活用する

情報システム部門の人にとっては、社員や関係者が使いやすいシステムを開発、運用することが仕事です。日々、ユーザーからの問い合わせに答えたり、対応を行ったりしていることでしょう。

本書執筆時点では、クラウドサービスを使ったシステムへの移行や、各種の手続きのデジタル化が進んでいます。しかし、こうした変化についていけず、とまどっている社員や関係者がいるかもしれません。

業務の効率化や生産性の向上を目指すには、ユーザー評価をして改善するUX デザインのプロセスが有効です。図1.5.1のように、評価から改善のプロセスを実施して、ユーザーの困りごとを洗い出しましょう。具体的

には、ユーザーアンケートを実施したり（**5.1** 参照）、システムの改善やユーザーマニュアルを改善したりします。

よく受ける質問に対しては、FAQ（よくある質問と回答）を社内のWebに掲載すると効果的です。ユーザー視点で説明し、わかりやすく書くことがポイントです。エラーが表示されて、パニックになっているユーザーが安心して対処できるような解答を作成しましょう（**4.6** 参照）。

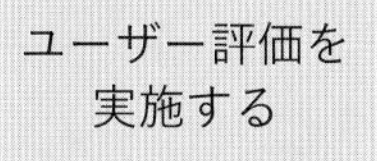

システム改善や
情報提供を
検討する

文書やWebで
情報提供する

システムの使用情報や
困ったときの解決方法を、
UXライティングを使って
説明します

▶**図 1.5.1　情報システム部門での業務改善の例**

UXライティング
の技術を使い、
ユーザーを安心させ、
役立つ体験に
変えます

▶**文例 1.5.1　社内ユーザーの体験を高める質問と回答の例**

【アクセスに関する質問と回答】

Q. 何度か間違ってパスワードを入力したら、アクセスできなくなりました。

A. システムのセキュリティ強化のため、誤ったパスワードを４回連続して入力すると、アクセスできなくなります。
情報システム部サポートセンター（XXXX-XXXX-XXXX）までご連絡ください。ご本人確認をし、利用再開の手続きをいたします。

業務部門のコミュニケーション向上に活かす

企業の中で、縁の下の力持ちと表現される総務や人事など業務部門の仕事は、社員に向けて文章でコミュニケーションする場面が多いことでしょう。多様な人材で仕事を進めるようになり、テレワークを含めた柔軟な働き方を選べるようになると、社内のコミュニケーションをよくすることが一層重要になります。働く環境をよりよいものにするために、**UX デザインの手法と UX ライティングを活用していきましょう。**

これまで紙を用いて行ったり、対面で確認したりしていた業務のプロセスを見直して改善し、スムーズに実行できるように、**ユーザー視点の UX ライティングを取り入れて、わかりやすい説明を提供しましょう。**社内の人がいつでも見られる社内ポータルやグループウエアに登録しておけば、口頭で説明するよりも効率的に仕事が進みます。

図 1.5.2 のように、**業務のプロセスに関する改善を具体的な行動につなげていくために、ユーザー視点で伝え、情報を共有しましょう。**

テンプレートにはヒントを入れておく

業務で使う各種の報告書は、所属部門や目的によって形式がまちまちといったことがあります。新入社員や異動してきた人ならば「書き方がわからない…」と迷い、修正に手間と時間がかかっているかもしれません。

こうした業務のやり方の改善には、**書類のテンプレートを提供するだけでなく、どう書いたらよいかなどのヒントを提供しましょう。UX ライティングでは、入力ボックスにユーザーを安心させるメッセージや、ヒントとなることばを入れておきます。これと同じように、ビジネスの書類のテンプレートにも、ヒントや記入例を入れておきます（図 1.5.3）。**

日頃よく使う業務の文書を見直すときには、実際に使う人＝ユーザー視点で課題や問題がないかを確認し、わかりやすいことばを使って説明しましょう。ユーザーの困りごとを解消し、コミュニケーションをよくしていけば、業務部門の評価が上げることでしょう。

業務プロセスを
見直す

↓

必要な文書や
テンプレートを
用意する

↓

使い方を
情報提供する

業務がスムーズに
進むように、
文書や情報を提供し、
共有しています

▶図 1.5.2　総務部門での業務改善例

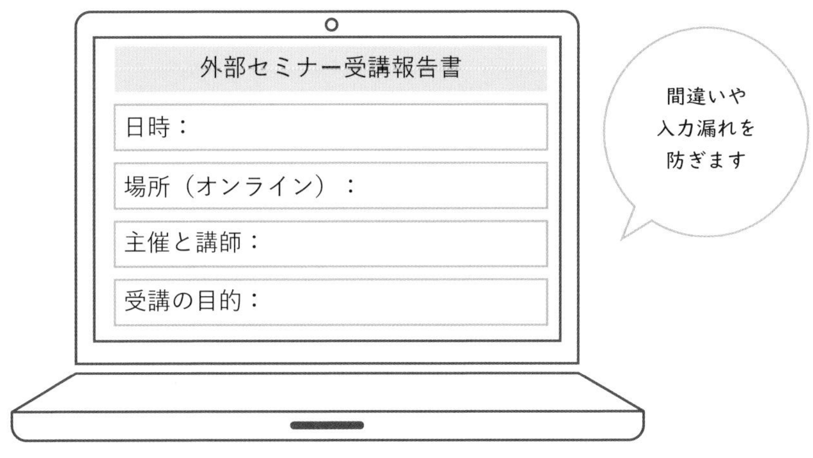

外部セミナー受講報告書
日時：
場所（オンライン）：
主催と講師：
受講の目的：
間違いや
入力漏れを
防ぎます

▶図 1.5.3　入力フォームやテンプレートに入力すべき内容をヒントとして表示しておく

1.6 ビジネスチャットを活用して、お互いの体験を賢く共有する

UX ライティングのメリットを体験する

ビジネスのコミュニケーションツールとして、ビジネスチャットサービスを使う企業やプロジェクトが増えてきました。チャットの利点は、スピーディーに情報共有できること。**短い文章で情報を伝え行動につなげていくことは、UX ライティングと共通しています。**UX ライティングの手法を、活用していきましょう。また、どのように伝えると短いことばで思いを伝えられ、行動を促すことができるのかを、日々実践できることもメリットです。

Slack などのビジネスチャットツールは、次のようなコミュニケーション機能を持っています

・文章で伝えるので、内容を整理してから伝えられる
・リアクションのアイコンを使うなどして、スピーディーに反応できる
・関連するリンクや画像、ファイルを送ることができる

UX ライティング的に短く、端的に伝える

上記のようなメリットがあるチャットは、短く簡潔なことばを使って伝えることがポイントです。**マイクロコピーのように、短い文章で読み手の行動を促す UX ライティングの手法を活用しましょう。**

ただし、**短い文章で書けば、簡潔に伝えたいことが伝わるわけではありません。読み手が何を知りたいのかということに注目した読み手視点を取り入れ、次の行動につなげる事実を盛り込みます。**

1 つの文章に 1 つの意味を入れながら伝える「一文一義」で書くと、伝えたい内容が明確に伝わります。情報量が多く長くなりそうな場合は、2 つの文に区切るなどします（**4.1** 参照）。

チームでライティングの新しい作法を作る

話し言葉のように簡潔に書くことがチャットの文体の特徴とはいえ、ビジネスチャットでは、「どの程度、やわらかい表現にしてよいのか悩みます」や、「部長などの役職者とのやり取りでは、どのくらい丁寧にすべきか敬語表現に迷っています」という声を、ライティング研修の場で聞くことがあります。

職場やチームの雰囲気や文化にもよって異なりますが、**ユーザー体験（UX）をお互いに高めるのは、相手を思いやる気持ちがあるかどうかにかかっています。**チャットのビジネス利用は、まだまだ発展途上にあります。「こう書くべき」とべき論で進めるのではなく、**チームとしてよりよいコミュニケーションを取るためのライティング作法を、チームのみんなで作っていくことが大切です。**そうした文化を社内で育てることが、社外へのサービス向上にもつながることでしょう。

▶図 1.6.1　チャットのルールや作法をチームで作り上げる

効率的な情報共有の方法を実践する

ビジネスチャットツールを活用して効果的な情報共有をするには、情報共有の意識を持ち、チームで日々、実行することが大切です。

Slack の場合は、文章を投稿するほかにファイルを共有したり、必要に応じてビデオ通話を選択したりできるなど、目的に合わせてコミュニケーションの方法が選べるのが強みです。**どのように使い分けるか、効率と効果を考えて、実践していきましょう。**

ビジネスチャットはスピーディーにやり取りできるのが利点である半面、投稿が増えると、さかのぼって過去の投稿から知りたい情報を探すのに手間がかかることがあります。**トピックごとに分けて投稿しておけば、あとから確認しやすくなります。** Slack では、「スレッドで返信する」というボタンがあるので、これをクリックして、1 つのトピックに対して意見を述べたり、情報を追加したりしていきます。情報を共有しやすくするための機能を活用しましょう。

構造化して情報を整理する

また、チャットツールを組織で上手に活用するには、**組織の体制やプロジェクトに合わせて、ワークスペースやチャンネルと呼ばれる話題ごとに分けられた場を使って、情報を構造化して整理することがポイントになります。** 図 1.6.3 で示している情報整理の機能を理解しておくとよいでしょう。

チャンネルを分けずに **1 つのチャンネルに複数の話題がごちゃ混ぜの状態になっていると、投稿した情報が見落とされ、議論が進みません。** ツールを使い始める前に、ワークスペースやチャンネルの設定をどうするかを関係者で話し合い、共通認識を持っておくとよいでしょう。上手に活用するコツは、小さく始めて育てていくことです。最初はたくさんのチャンネルに分けずにシンプルな構造で議論を始め、評価しながら必要に応じて増やしていくとよいでしょう。これは第 3 章で説明する UX デザインのプロセスの進め方と同じです。

▶図 1.6.2　Slack には長い文章も投稿できるが、トピックごとに整理して投稿すると、情報共有しやすくなる

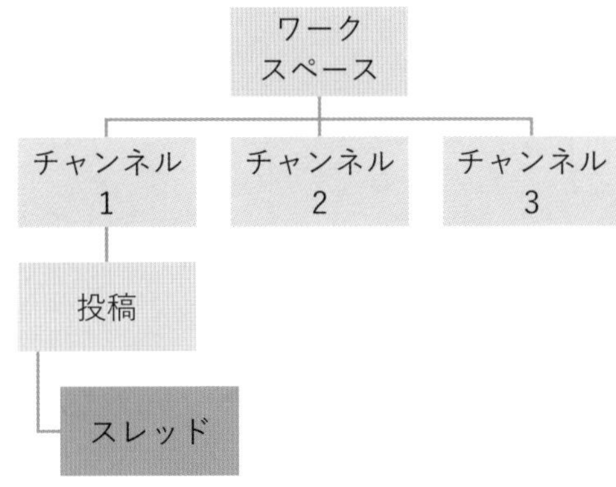

▶図 1.6.3　ワークスペースの中で話題ごとにチャンネルを分け、構造化して整理する

1.7 DX（デジタルトランスフォーメーション）とUXの関係

DXもユーザーニーズが基本

デジタルトランスフォーメーション（DX）は、停滞する日本経済を救うための方策として着目され、取り組まれてきました。2018年に経済産業省が「デジタルトランスフォーメーション（DX）を推進するためのガイドライン」を取りまとめて公開し、国を挙げて推進しています。

同ガイドラインでは、DXを次のように定義しています。

> 企業がビジネス環境の激しい変化に対応し、データとデジタル技術を活用して、顧客や社会のニーズを基に、製品やサービス、ビジネスモデルを変革するとともに、業務そのものや、組織、プロセス、企業文化・風土を変革し、競争上の優位性を確立すること

ポイントとなるのは、「顧客や社会のニーズを基に」という部分です。「効率やシステムありきではなく、『顧客＝ユーザー』ニーズが起点であること」という点が、ユーザー体験を重視するUXデザインの考え方と共通しています。人を中心に現在の課題を洗い出し、変革していくということです。

ウィズコロナの今こそDXの取り組みを加速

変革の重要性が認識されながらも、従来のビジネスの慣習や組織のあり方に縛られて、大企業以外ではDXはなかなか進みませんでした。2020年、新型コロナウイルスの感染が拡大し、仕事の仕方が大きく変わりました。これをきっかけにDXが進むのではないかと、行政も企業も期待しています。

図1.7.1は、総務省の「令和2年『情報通信に関する現状報告』」の概要

に掲載された図を基に作成したもので、ウィズコロナの社会です。**「人の生命保護を前提にサイバー空間とリアル空間が完全に同期する社会へと向かう不可逆的な進化が新たな価値を創出」すると述べています。**

働き方でいえば、図 1.7.2 のように、対面や会議でコミュニケーションしていたビフォアコロナでは、ビジネスを補完し、効率的にするために IT が使われていましたが、**ウィズコロナの時代ではテレワークが代表するようにビジネスとデジタルが一体化して利用されることが特徴です。**この変化がデジタルトランスフォーメーションの推進力となると期待されています。

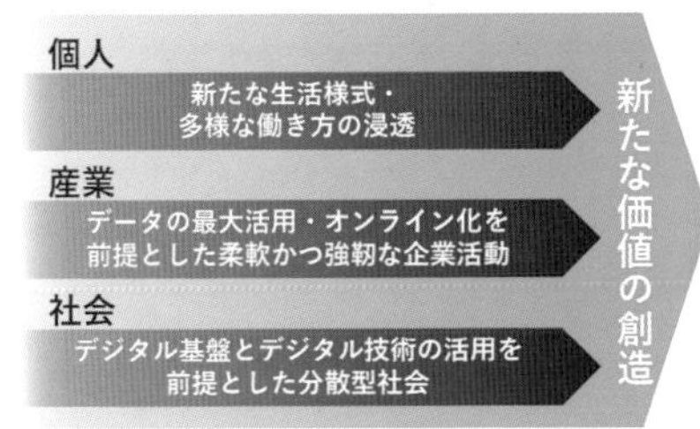

出典）総務省「令和2年『情報通信に関する現状報告』」
https://www.soumu.go.jp/johotsusintokei/whitepaper/ja/r02/summary/summary01.pdf

▶図 1.7.1　ウィズコロナで変わる社会構造

▶図 1.7.2　コミュニケーションの方法が変わり、ビジネスとデジタルが一体化する

サービスデザイン社会の目標

この章の冒頭で、モノからコトへと価値が変化し、今後は人の体験を重視したサービスデザインが求められると述べました。日本政府も、こうした考え方で政策を進めています。2018年1月にはｅガバメント閣僚会議決定により、「デジタル・ガバメント実行計画」を公開しています。計画の報告書には、デジタル・ガバメントが目指す社会を次のように説明しています。

1. **必要なサービスが、時間と場所を問わず、最適な形で受けられる社会**
2. **官民を問わず、データやサービスが有機的に連携し、新たなイノベーションを創発する社会**

2020年9月には、デジタル庁を統括する大臣が任命されました。デジタルを活用した、新たな社会への変革が始まっています。

大切なのは、人が中心であること

「デジタル・ガバメント実行計画」では、**ユーザー（利用者）中心の行政改革として、図1.7.3に示す12箇条のサービス設計指針を提示しています。**

第1条の「利用者のニーズから出発する」とは、システムありきでなく、ユーザーが中心となったデザイン思考のあり方を明確に示すものです。

第10条の「何度も繰り返す」は、図1.7.4で示すように、人を中心にして要件定義をして具体化し、評価するプロセスをぐるぐると回す、UXデザインの手法そのものです。UXデザインのプロセスについては、第3章を参照してください。

ユーザーである人を中心としてサービスを創出し、価値を高めるプロセスでは、それを第三者に伝える「ことば」を重視して伝えることが大切です。第2章では、新しいあるいは既存のサービスの価値を高めるための「ことば」の工夫の事例を紹介し、第4章では書き方のポイントを説明します。

■サービス設計12箇条
第1条　利用者のニーズから出発する
第2条　事実を詳細に把握する
第3条　エンドツーエンドで考える
第4条　全ての関係者に気を配る
第5条　サービスはシンプルにする
第6条　デジタル技術を活用し、サービスの価値を高める
第7条　利用者の日常体験に溶け込む
第8条　自分で作りすぎない
第9条　オープンにサービスを作る
第10条　何度も繰り返す
第11条　一遍にやらず、一貫してやる
第12条　システムではなくサービスを作る

出典)「デジタル・ガバメント実行計画」
https://cio.go.jp/sites/default/files/uploads/documents/densei_jikkoukeikaku.pdf

▶図1.7.3　サービス設計12箇条

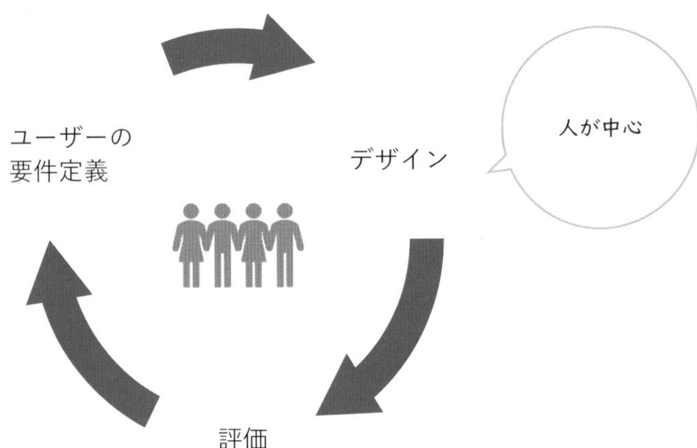

▶図1.7.4　サービスデザインのプロセス

第1章 演習

ユーザー体験（UX）を自分自身で体験しているかどうかを、ユーザーとして利用しているサービスやシステムで考えてみましょう。

問1

日頃、利用しているサービスやシステムについて、あなたが気に入っている点を洗い出し、ユーザーにわかりやすい説明やコピーとして工夫している点を洗い出してください。

◆サービス名

◆ユーザーとして気に入っている点

◆わかりやすい説明など、UX ライティングを工夫している点

問2

周囲の人にインタビューし、その人が気に入っているサービスについて、どこがよいと感じているのか、わかりやすい説明の工夫について聞いて整理してください。

この問いには解答例はありません。上手にインタビューすることや正解を求めることが目的ではありません。自分とは違った考え、ユーザーの多様性を実感するために、以下のようなポイントに留意してインタビューしましょう。

インタビューのポイント

インタビュー相手が気に入っているサービスやシステムについてよく知らない場合は、どのようなものなのかを具体的に説明してもらいましょう。

相手が気に入っている点や説明の工夫については、「それはなぜですか？」と聞き、理由を尋ねましょう。

◆サービス名

____

◆ユーザーとして気に入っている点

____

____

____

____

◆わかりやすい説明など、UXライティングを工夫している点

____

____

____

____

____

第1章 演習　解答例と解説

問1

日頃利用しているサービスについて、ユーザー体験の観点から工夫していることを洗い出しましょう。具体的に洗い出すことがポイントです。

ここでは、Slackを例に解答例を示してみます。

◆サービス名

Slack　ビジネスチャットサービス

◆ユーザーとして気に入っている点

・メールよりも手軽に投稿ができる

・他の人の考えが共有できる

・リアクションの記号を使って、簡単な反応が行える

◆わかりやすい説明など、UXライティングを工夫している点

・ヘルプがわかりやすく、ユーザー視点の説明がされている

・初めて使う場合から､高度な使い方まで､幅広く説明が用意されている

問 2

周囲の友人や知人をインタビューし、日頃利用しているサービスについて、ユーザーとしてどのように感じているのかを聞きましょう。

自分と異なるユーザーの視点を理解する

自分が知っている、あるいは使っているサービスやシステムでも、ユーザーが異なると、違った意見を持っています。ユーザーの多様な視点と意見を引き出し、自分の場合と比較してみましょう。

人から聞く、インタビューに慣れる

インタビューは回数を重ねることで慣れ、聞きたいことを効果的に聞けるようになってきます。人を相手に質問し、掘り下げていくインタビューは、情報収集のスキルや UX デザインの手法として、身に付けておきたい技術です。

一度でうまくいかなかった場合は、別の人を対象にインタビューを行い、インタビュー技術を磨いていきましょう。

社会が変わっても人は生きる

2020 年、新型コロナウイルスによる感染被害は世界中に拡大し、仕事の仕方の生活様式が大きく変わりました。「ユーザーの体験」、「ユーザーニーズ」が変わりつつあります。

ネットを通した体験が広がる

ウイルスの感染を防ぐために、人と人との距離を取る「ソーシャルディスタンス」が守られるようになり、ネットを使ったサービスやコミュニケーションツール、スマートフォンアプリの利用が広がりました。

Zoom や Teams といったオンライン会議システムの普及も、まさにそうした変化が後押ししたものです。同じ場所に集まって議論をすることが主だった会議が、ネットを通して仮想の場で集まり、互いに発言をする新しいスタイルに変わりました。

仕事だけでなく、買い物や映画、音楽など生活や娯楽もネットを介して行うことが増えています。感染が終息しても、この新しい生活様式は、世界中で定着していくことでしょう。

人らしく、価値ある体験にするために「ことば」を紡ぐ

ネットを介したやり取りは、効率的で便利な半面、ちょっとした表情の変化や相手の状態に気づきにくいのが難点です。誤解につながったり、相手との距離を感じたりすることもあるでしょう。こうしたネットの弱点を補うのが、目の前にいない相手の気持ちや行動を想像し、伝わりやすく表現した「ことば」です。相手への思いやりをことばで表し、自分の気持ちを伝える。ことばの力を発揮するのが、UX ライティングの本質です。今は誰もが、さまざまなサービスのユーザーです。互いに理解し、よい体験を作るための「ことば」の使い方を、一緒に探していきましょう。

第2章

UX ライティングで課題を解決する

2.1 多様な業種、分野で活用されているUXライティング

ユーザー体験を豊かにするために

UXライティングが注目される背景には、第1章で述べたようにモノからコトへのビジネスの変化や、デジタルトランスフォーメーション（DX）の推進などがあります。そこには、**ユーザーを中心とした体験価値の創造が求められます。優れたUXを実現するためのベースにあるのが、「UXデザイン」の考え方と知識です。**

GAFAのような世界的なIT企業では、**UXデザインの手法を活用してサービスを設計し、UXライティングを活用しています。**

「海外の先進的な企業だけでなく、日本国内の企業や組織でも、UXライティングの取り組みから学ぶべきよい事例が出てきています。UXライティングの重要性は、行政や企業などの幅広い人材に向けて体系化された『人間中心基礎知識体系』でも言及されています」と、NPO法人人間設計推進機構（HCD-Net）の早川誠二さんは話します。ユーザー視点、使いやすさ、新たな価値の提供といった観点から情報の伝え方に工夫をし、ユーザー体験を高めている例を、この第2章では取りあげました。

ユーザーとよい関係を継続して作る仕組み

紹介している事例では、**組織としてユーザーとの関係性をよりよくすることを目的に、UXデザインのプロセスや手法を取り入れて、ユーザーと継続的な関係性を構築しています。**

また、ユーザーとの接点である画面やメッセージを常に評価して、改善のプロセスを回しています。組織としての体制づくり、プロセスの検討、改善への具体的なルールやしくみの構築に取り組んでいます。クライアントやユーザーとの協働も参考になることでしょう。よりよい関係性をユーザーと築き、つながりを作っていくために、組織としてどのように取り組むべきか、ヒントを得るためにもご活用ください。

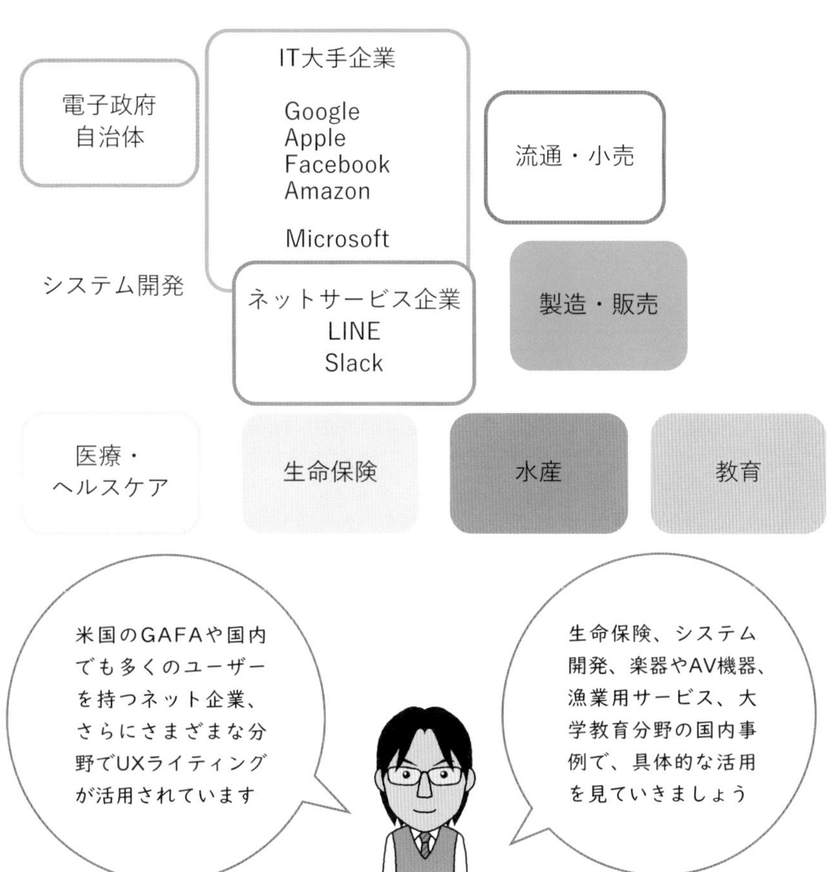

▶図 2.1.1　UX ライティングが活用されている業界・分野

2.2 サービス開発で共創し、「ことば」でつながる

ユーザー体験を高めるデザインプロセス

株式会社コンセントは、企業とのコラボレーション、セミナーや研究活動、書籍の翻訳や執筆を通して、国内のUXデザイン分野をリードしてきたことで知られています。同社は1971年にエディトリアルデザイン会社として創業しました。2000年はじめには情報アーキテクチャを活かしたWeb設計を、2011年にはサービスデザイン（SD）と領域を広げ続けながら、使い勝手がよく、利用者の体験（UX）に着目したWebデザインやサービスを提案、実現してきました。

「クライアントの企業は幅広い業種で、業務システムからコンシューマー向けと多様な分野にかかわってきました。誰にとっても使いやすく美しいものにすることを目指しています」と同社のSD/UXデザイン部門を率いる大崎優さんは語ります。ユーザーの価値観を分析し、プロトタイピングを行い、クライアント組織と共創しながら新しい価値を提案することが強みだといいます。

「**マーケティング調査の結果を分析する等の従来の手法だけでは、ユーザーが何を望んでいるのかがわかりにくく、**ユーザー自身がまだ気づいていない新しい価値提案にはつながりにくい。**多様なニーズを広く、深く探っていくプロセスとしてワークショップ等を活用し、共通知を探っていきます**」と大崎さんは説明します。

サービス開発初期の問題を解決する「仮想パンフレット」

同社のサービス開発のプロセスで特徴的な手法が、提案の過程で「**CIS（コンセプトインプレッションシート）」と呼ぶアウトプットを作成し、関係者で共有することです。**これは仮想のパンフレットやチラシのようなもので、サービスができあがった段階ではなく、サービス開発の初期段階で作成します。クライアントの担当者にサービスの説明をするとき、ユー

ザーテストを行うときなどにCISを活用するとのこと。図2.2.1は、第一生命保険株式会社の若者向け保険サービス「Snap Insurance」※のCISの例です。

※「Snap Insurance」は2020年7月31日をもってサービスを終了しています。

▶図2.2.1　第一生命保険株式会社「Snap Insurance」のCISの一部

ワークショップでユーザーの「ことば」を集める

コンセントでは、ユーザーニーズや価値観を分析するときに、しばしばワークショップを実施します。若者向け生命保険サービスの開発プロジェクトでも、大学生を集めて丸1日のワークショップを開催しました。

「第一生命保険様の若者向け保険サービスでは、人生すごろくや人生マップを作るといった、人生を考えるワークショップを実施しました。ワイワイと学生同士が話をしながら、**彼らのことばで考えていきます。ワークショップを行うと、短時間で価値観や行動が見えてくるのが利点です**」と大崎さんは、ワークショップを行う理由を説明します。

ワークショップで集まった「ことば」を分析して CIS に反映します。例えば、「手軽に利用したい」「友だちと一緒に使いたい」といったニーズが、「サクッと始める」といったことばで表現されています。

ユーザーの「ことば」で UI を作っていく

アプリの画面で使うことばも、対象のユーザーである若者に受け入れてもらいやすいものになるよう、表現を工夫したといいます。同社の UX デザイナー、黒坂晋さんは「チャット形式で会話していきながら、サクッと保険を選んで加入するといったアプリのコアな体験の UI を設計する中で、どのような量や順番で問いかけ、どのような表現を使えばユーザーにとってわかりやすいか、受け入れられやすいかを試行錯誤しながら、設計しました」と話します。ワークショップから引き出された「保険に関する距離感」や「面倒そう」といった**ユーザーの気持ちに寄り添った表現にすることに加えて、情報量もコントロールしている**といいます。

「1つの画面に情報を盛り込むとステップ数は減りますが、ユーザーは画面を読みながら操作をするため負荷がかかります。**心理的な負荷や障壁を少なく、自然に会話が進むように心がけて設計していきました**」と黒坂さんは話します。図 2.2.4 と図 2.2.5 にあるように、アプリからの相づちなども交えた表現になりました（図はすべてプロトタイプの画面）。

▶図 2.2.2　1人で加入している状態

▶図 2.2.3　友だちと保険をシェアしている状態

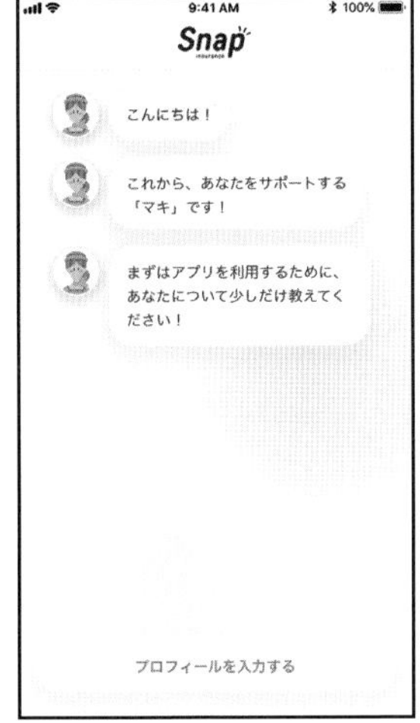

▶図 2.2.4　チャット形式のユーザー登録

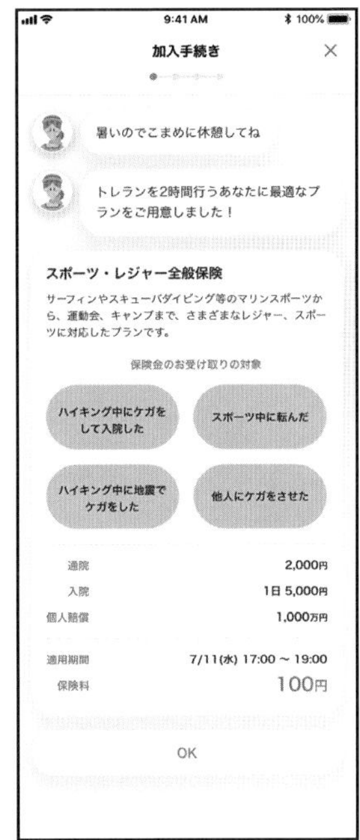

▶図 2.2.5　加入手続き画面

まだない体験をイメージとことばで伝える

図 2.2.6 は、毎年秋に幕張メッセで開催される IT 技術とエレクトロニクスの国際展示会に向けて作成した資料の事例です。日本ユニシス株式会社が構想する価値交換基盤「doreca™」を説明するための資料としてコンセントが 2018 年に作成した CIS とプロトタイプ画面です。複数の電子決済が登場してきた段階で、それらの「ポイントや残高を交換するプラットフォーム」という、まだ世の中にないサービスをわかりやすく表現しました。

CIS では、「doreca™」によってユーザーにどのようなメリットが生じるのか、具体的にイメージできるようにビジュアルと説明文とで表現しています。クライアントの担当者と、コンセントの UX デザインと UI デザインを担当するメンバーでワークショップを開催し、**ユーザーの視点で「何がうれしいのか」、「どのようなシーンで使いたいのか」を洗い出した**といいます。

「価値が交換できるというコンセプトを体験のフローとして整理し、伝えるべき情報を取捨選択し、作っては壊しを繰り返して形を作っていきました」と黒坂さんはアプリのデザインプロセスを説明します。プロジェクトメンバーで共有した価値観を基に、残高を直感的かつ手軽に交換できるアプリのデザインになっています。

関係者のメリットを伝える

サービスデザインでは、ユーザーのメリットだけではなく、企業や関連する事業者など関係者にとってどのようなメリットがあるかも伝えることが重要です。日本ユニシスの例でも、電子決済のサービス事業者にも関心を持ってもらい、協業を進めていくよう情報を伝える必要がありました。CIS では利用者、決済事業者、パートナー企業、小売店（加盟店）にとってのメリットを、シンプルなビジュアルデザインと簡潔に整理したメリットで表現しています。

ユーザー体験を大切にしながら、関係者のビジネスに貢献していくサービスデザインを形にしているといえるでしょう。

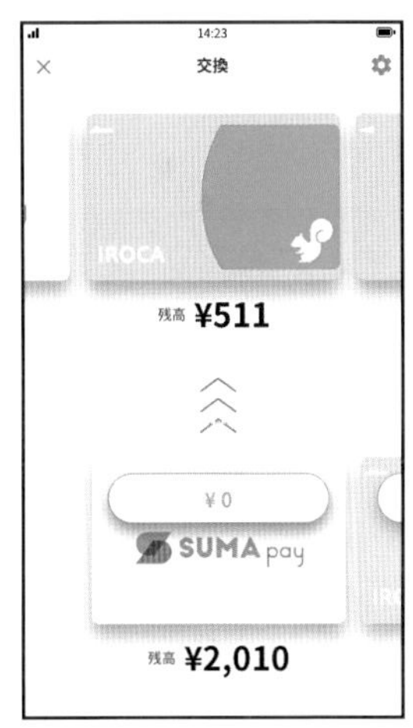

▶図 2.2.6　日本ユニシス株式会社の価値交換基盤「doreca™」の CIS とプロトタイプ画面

株式会社コンセント概要

1971 年の創業時より、「読み手やユーザーの体験」をベースに企業や行政・教育機関等の組織と人・社会の関係をデザイン。サービスデザインやインクルーシブデザイン、インフォメーションアーキテクチャやエディトリアルデザイン等、新たな概念やシステムを国内で実践するとともに、普及・啓発や日本の活動の国外発信にも取り組む。

・公式サイト
https://www.concentinc.jp/

・ナレッジを発信「ひらくデザイン」
https://www.concentinc.jp/design_research/

2.3 モノ作りの価値を高め、「知りたい」に応える FAQ の取り組み

音楽好きな人々とメーカーがつながる FAQ サイト

「FAQ」とは Frequently Asked Questions の略で、「よくある質問」を意味することばです。製品やサービスで知りたいことがあったら、ネットを使って検索することが一般的になった現在、FAQ コンテンツの充実に力を入れている企業が増えています。

株式会社ヤマハミュージックジャパンは、日本国内において、楽器や音響機器の卸販売などを展開しています。同社お客様コミュニケーションセンターは、それらに関するサポート、FAQ の作成、運営を行っています。センター長の平井大生さんは、取り組みについて次のように語ります。

「かつては製品の使い方に困ったらメーカーサポートに電話するという行為が多かったのですが、スマートフォン普及以降、知りたいことを検索して調べることが急激に増えました。その際の検索結果にユーザーの口コミサイトが表示されることが増え、回答の中にはメーカーから見ると、違和感がある内容も目立っていました。**顧客サポートのノウハウを活かし、音楽好きの方々に適切な答えを提供しなければと、FAQ サイトの充実と改善に取り組んできました**」。

今あるユーザーニーズに応える

顧客接点でもある FAQ サイトは、日々変わるユーザーニーズを可視化する場にもなっています。新型コロナウイルス感染が世界中で広がり、外出自粛が続いた 2020 年の春からは、「電子ピアノにヘッドホンをつないで使うには？」といった質問が増えたといいます。

電子ピアノのサポートを担当する、FAQ 運営メンバー山田貴美子さんは、「電子ピアノに対応したステレオ標準フォーンプラグだけでなく、ステレオミニプラグのヘッドホンを持っている方が困って検索しているのではないかと考えました。ヘッドホンの端子には、2 種類の形状があること

を最初に示し、ヤマハのヘッドホンの製品紹介に加え、ステレオミニプラグのヘッドホンを持っている場合の変換プラグの使い方も説明しています」と解説します。「変換プラグは、カチッと音がするまで、しっかり差し込んでください」といった注意は、目立つように赤字になっています（図2.3.1）。

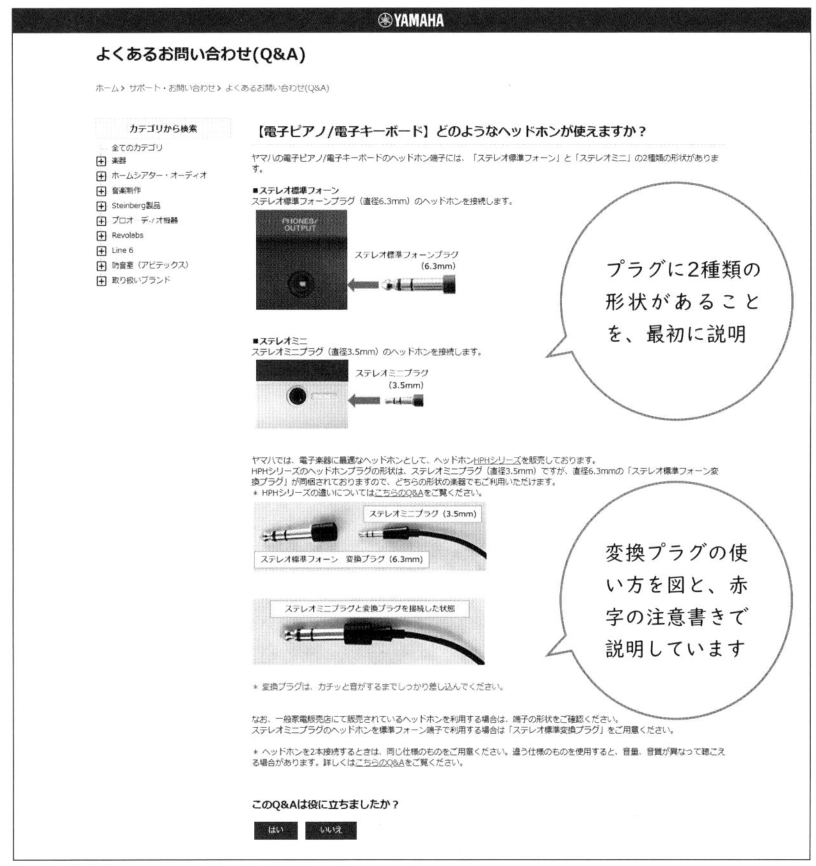

出典）ヤマハミュージックジャパン「よくあるお問い合わせ（Q&A）」サイトより
http://yamaha.custhelp.com/

▶図 2.3.1　ヘッドホンに関する FAQ のページ

製品視点から、顧客視点に

電子ピアノのヘッドホンに関する回答も、最初から現在のように工夫され、わかりやすく作られていたのではなく、改善した結果だと山田さんは説明します。

改善前のFAQコンテンツは、図2.3.2のように、「【電子ピアノ／電子キーボード】どのようなヘッドホンが使えますか？」の質問に対して、「現在発売されている電子ピアノ／キーボードのヘッドホン端子は、『ステレオ標準フォーン』端子です。」という一文から始まっています。同社のヘッドホンの写真とともに、ステレオミニプラグであることと、変換プラグが同梱されていることが書かれています。製品情報としてはごく一般的ですが、FAQサイトを見たユーザーからの評価は、他と比べて低かったとのこと。評価が高まらないのはなぜかを、FAQ運営メンバーで検討し、市販されているステレオミニプラグのヘッドホンを使おうとして困っているのではないかとの仮説から、プラグの説明から入る流れに書き替え、写真も替えたところ、図2.3.3のように評価が高まっていったそうです。**ユーザーがどのような体験の中で、何をしたいのか、製品視点から顧客視点に変えることで、ユーザーの課題を解決する**ことにつなげています。

FAQ運用・活用会議を定期開催し改善に取り組む

同社のお客様コミュニケーションセンターでは、楽器やオーディオ関連製品など7つの製品グループに分かれ、電話、メール、FAQなどを通して、ユーザーからの質問に対応しています。FAQについては、各グループから1名ずつ**メンバーを選出し、月に2回の会議を通して、改善の取り組み**を行ってきました。役立っているかどうかの回答「はい」、「いいえ」の数を参考に、評価の低いコンテンツの理由を探り、改善につなげています。**他製品のメンバーからの意見も取り入れて、継続的に改善をすることで、ユーザー視点からわかりやすさを高めている**といいます。

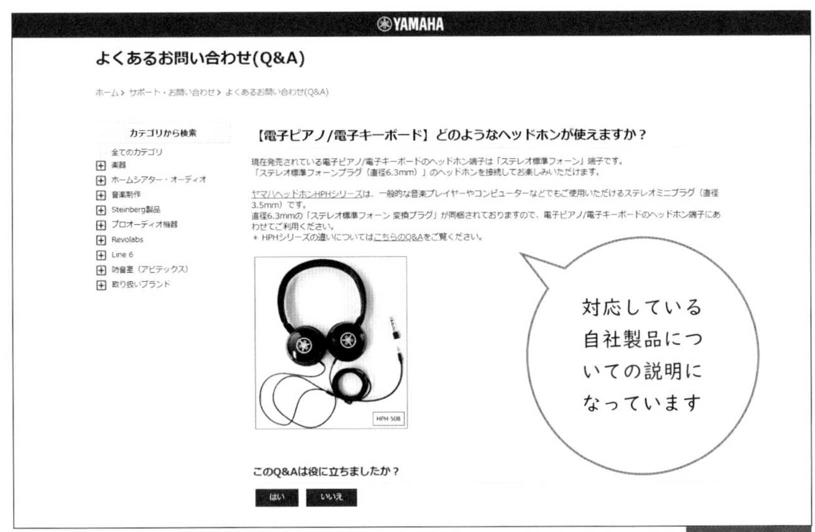

▶図 2.3.2　以前のヘッドホンに関する FAQ 画面

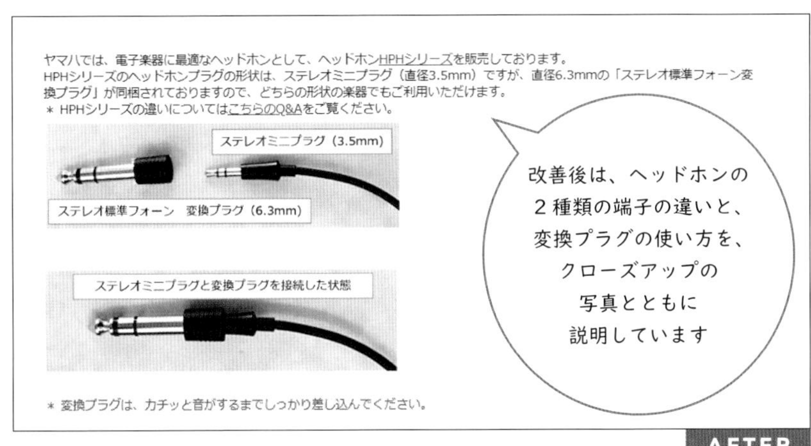

出典）ヤマハミュージックジャパン「よくあるお問い合わせ（Q&A）」サイトより
http://yamaha.custhelp.com/

▶図 2.3.3　改善後のヘッドホンに関する説明の一部

品質を高めるガイドラインで目標の明確化

製品やユーザー特性によって異なるFAQの内容を、メーカーとして統一感を持たせ、品質を高めるために、同社カスタマーサポート部では「FAQ制作・運用ガイドライン」を作成、活用しています。

FAQ運営チームのリーダー、池上健一さんは、「表現など書き方のルールだけでなく、**わかりやすさの指針を5段階のレベルで示し、最終的にお客様の心情に寄り添ったFAQを目指すと明文化**しました」と語ります。レベルは、改行位置の統一のレベル1からユーザーの心情を考慮したレベル5までを設定し、レベル1からレベル4までは必要条件、レベル5を満たすことを目標と設定しているのは、まさにユーザー中心の考え方だといえるでしょう。

ガイドラインの本編では、図2.3.4で示すように興味を持って見てもらえるよう、**「何が」を明確に書くためのルールなどを具体的に示しています。**

スピーディーに確認するためのチェックリスト

ガイドラインで決めた記述ルールも、徹底されなければ意味がありません。そこでチェックリストを作成し、活用しているといいます。

「チェックリストを使うことで、スピーディーにガイドラインに沿ったFAQコンテンツのチェックが可能になっています」と池上さん。ガイドラインとチェックリストはほぼ毎年改訂を行っており、ユーザーニーズや時代にあった内容かどうか、継続した見直しをしています。

管理のプロセスを決め、継続して取り組む

日々、新規に作成し、改善を行っているFAQの品質を高めるために、ガイドラインには、作成、更新のルールも盛り込んでいます。**また、開発や営業部門のレビューを受ける**プロセスも明文化することで、メーカーとして信頼性のある情報を公開することにつなげています。

価値ある情報をFAQで公開していくことで、「ユーザー体験（UX）や満足度を高める、ブランド価値の創造に貢献することがわれわれの価値であり、責務だと考えています」と平井センター長はその取り組みを語りました。

・文体はです/ます調を基本とする。
・改行は入れない。
・お客様が質問タイトルで対象を判別できるようにするため、先頭に【】を付け、ヤマハホームページで示された製品カテゴリもしくは商品名、対象製品を記載する。
・質問全体の文字数は【】内を含め、半角90文字（全角45文字）以内にとどめる。

チェックリストのルールに従って、見出しを付けています

【電子ピアノ/電子キーボード】どのようなヘッドホンが使えますか？

ヤマハの電子ピアノ/電子キーボードのヘッドホン端子には、「ステレオ標準フォーン」と「ステレオミニ」の2種類の形状があります。

■ステレオ標準フォーン
ステレオ標準フォーンプラグ（直径6.3mm）のヘッドホンを接続します。

PHONES/
OUTPUT

▶図 2.3.4　ガイドラインで盛り込まれている質問文の記述ルールの一部

ヤマハミュージックジャパン　お客様コミュニケーションセンター概要

楽器・オーディオ関連製品など、ヤマハ製品のお客様サポートを担当している。

・「よくあるお問い合わせ（Q&A）」サイト
http://yamaha.custhelp.com/
・ヤマハミュージックジャパンサイト
https://jp.yamaha.com/about_yamaha/yamahamusicjapan/

2.4 現場に行き、ユーザーが抱える課題を引き出す

IT の力で漁業を支援する

公立はこだて未来大学のマリン IT は、IT を活用することにより、水産資源を守り、継続的かつ効率的な漁業を支援するための取り組みです。2004年に始まり、これまでにユビキタスブイやマリンブロードバンド、デジタル操業日誌などを開発し、製品化しています。近年は、日本だけでなく、インドネシアなど海外にも活動の場を広げています。

マリンITの特徴の1つが、**研究者とユーザーとの協働による製品開発**です。マリン IT では、**情報システム／情報デザインの研究者が、ユーザーである漁業者と一体となって製品を開発しています。**その一事例として、北海道留萌（るもい）市の漁業者と一緒に開発したデジタル操業日誌を紹介します。

いつもと違うものは使いにくい

留萌市は国内有数のマナマコの産地です。北海道産のマナマコは中華料理の高級食材として知られており、特に中国市場では高値で取引されています。価格の高騰とともに、漁獲量が増え、1990 年代半ばには留萌管内の鬼鹿（おにしか）地区の海からマナマコが消えてしまい、3 年間の禁漁を強いられたこともありました。

貴重な資源を管理するために作成されたのが、マナマコの資源分布図です。当初は、マナマコの漁期の最中に漁業者が手書きで記録した操業日誌を、漁期の終了後にファクスで稚内水産試験場に送り、それを基にして作成していました。この操業日誌をデジタル化し、漁期中にデータを収集し活用できるようにしたのがデジタル操業日誌です。

「最初に開発したデジタル操業日誌は不評でした」と話すのは、はこだて未来大学の和田雅昭教授。マリンITの代表者であり、情報システムの研究者です。

最初のデジタル操業日誌は、防水防塵のタッチパネル型パソコンで動作

するWebアプリとして試作され、2010年に3隻の小型漁船で試験運用されました。ところが、そのうちの2隻はすぐに使わなくなってしまいました。理由は「使いづらい」。

漁業者が普段使っている航海計器や魚群探知機などの機器類は、スイッチを押せばすぐに使えます。それに比べて、タッチパネル型パソコンでは、電源を入れたあとにわざわざアプリを起動しなければなりません。アプリを終了するときもいきなり電源オフというわけにはいきません。**漁業者の普段の行動とは異なるものを使ってもらおうとしていたわけです。**

出典）和田雅昭「マリンITの出帆 舟に乗り海に出た研究者のお話」公立はこだて未来大学出版会、p. 53（2015）

▶図 2.4.1　マナマコ漁の漁具

日にち、
操業開始時刻、
終了時刻を記載。
丸で囲まれている
数字は漁獲量です

出典）和田雅昭「マリンITの出帆 舟に乗り海に出た研究者のお話」公立はこだて未来大学出版会、p. 111（2015）

▶図 2.4.2　手書きの操業日誌

漁業者に愛されるデジタル操業日誌

2011年、新しいデジタル操業日誌はiPad用のアプリとして開発されました。まずは簡単なデモアプリを作り、漁業者に試してもらいました。

「iPadは大ウケでした。何も説明していないのに、マップを航空写真に切り替えて自分の船を映したりして。デモアプリはそっちのけだったんですけど……」(和田教授)。

漁業者が喜ぶ姿に、「これはイケる！」と和田教授は直感しました。

メインターゲットは70代

ここから本格的な開発が始まります。**製品のコンセプトは「嫌われないデジタル操業日誌」**。

ユーザーの年齢層は30代から70代までですが、**メインターゲットは最年長の70代に設定**しました。資源管理のデータ収集なのですから、漁業者全員に使ってもらえなければ意味がありません。

ヒアリングでは、天気や風、潮なども記録したいとの意見もありましたが、**思い切って操業開始時刻、操業終了時刻、漁獲量の3項目に絞りました。この3項目は、手書きの操業日誌に記録していた項目**です。これならば、70代の漁業者にも入力をお願いできそうです。

画面のデザインは岡本誠教授（はこだて未来大学）が担当しました。岡本教授は情報デザインの研究者です。岡本教授がデザインしたのは、**画面遷移なし、スワイプもピンチもない、極めてシンプルな画面**です。和田教授と一緒に現地に行き、漁業者にヒアリングして作成しました。

ユーザーに寄り添うように説明する

事前説明会でも70代の漁業者に受け入れてもらえるように配慮しました。例えば、「忘れずに入力してください」といわれると緊張してしまいますし、義務でやらされているように受け取ってしまいます。**「たまに入力を忘れても、資源量の推定値にほとんど変わりはありません」**と説明されれば高齢者も安心できます。

2011年6月16日の解禁日以降、デジタル操業日誌に入力されたデータは、インターネットにより稚内水産試験場に毎日送信されました。試験場ではデータを解析し、週1回「留萌マナマコ資源速報」を発行。今までは漁期終了時にしかわからなかった資源に関する情報が毎週わかるわけです。この情報を基に、漁業者はマナマコ漁の期間を決めることができ、漁業者自身による主体的な資源管理ができるようになりました。

	投網	揚網	時間	漁獲	備考
1	08:01	09:10	01:09	2.2	出し風吹いたり止んだり！
2	09:25	10:33	01:08	2.5	増毛の山に怪しい雲が……
3	10:52	11:41	00:49	2.0	南の風やや強く
4	11:56	12:54	00:58	1.2	同上
5	13:08	--:--	--:--	-	メモ
6	--:--	--:--	--:--	-	メモ
7	--:--	--:--	--:--	-	メモ
8	--:--	--:--	--:--	-	メモ

出典）和田雅昭「マリンITの出帆 舟に乗り海に出た研究者のお話」公立はこだて未来大学出版会、p. 121（2015）
※吹き出しは著者によるもの

▶図 2.4.3　デジタル操業日誌の入力画面

ユーザーと協働するために

はこだて未来大学のマリンITは、北海道の漁業者だけでなく、全国の漁業者・海外の漁業者と協働しています。琵琶湖や石垣島の漁業者、島根県のイワガキ養殖業者、大分県のカキ養殖業者、インドネシアの海面養殖業者などあげればきりがありません。

ユーザーである漁業者と協働するためのコツは何なのでしょうか。

「**最初に行うことは、実際に現場（フィールド）に行き、施設や作業を見学することです。そこで、漁業者の仕事を理解します**」（和田教授）

このときに持って行くのはスケッチブックとサインペン、カメラです。情報システムの研究者だけでなく、情報デザインの研究者も一緒に行きます。

現場を見学したら、事務所などに場所を移し、漁業者にインタビューしながら具体的な課題を引き出します。「**『聞き出す』のではなく、『引き出す**』です」と和田教授は強調します。

「漁業者が抱えている**課題は漠然としたものです。質問しながら、一緒に課題を整理していく**必要があります」（和田教授）

その際、役に立つのがスケッチとサインペン。図2.4.4はインタビューしながら描いたスケッチです。**インタビューの中で出てきたことをスケッチすることにより、イメージを共有する**ことができます。

時には、漁業者がサインペンを持ち、スケッチを修正することもあるそうです。

「この手法には、IT機器にはない柔らかさがあります。言語を問わないので、海外でも通用します」（和田教授）

ユーザーがなじんでいるものを大切にする

スケッチを使って課題が整理できたら、次は課題解決のための提案です。

「大切なのは**普段のワークフローに溶け込むための提案**をすることです。**ワークフローを大きく変えてしまうような提案は、作業負荷が大きくなるため、使われないシステムになってしまいます**」（和田教授）

確かに、デジタル操業日誌は、手書きの操業日誌と同じ入力項目であり、レイアウトも同じでした。ユーザーがなじんでいる「ことば」や見た目にすることも、安心して使ってもらうUXにつながります。

「最初から100点満点を目指さず、まずはITが定着することを優先すべきです。ITの効果を感じることができれば継続して使ってもらえます。段階的に改善していくことにより100点満点を目指すことができます」と和田教授は語ります。

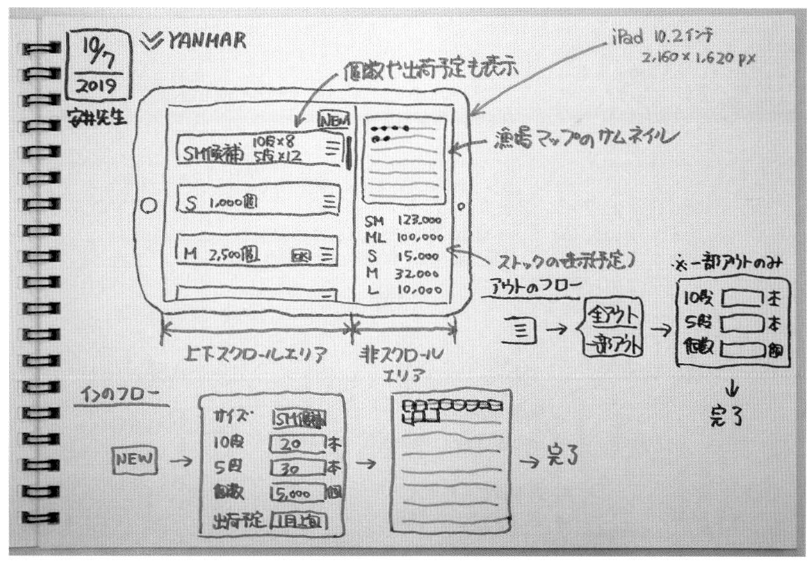

▶図 2.4.4　インタビューの際に描いたスケッチ

> **公立はこだて未来大学**
> システム情報科学の単科大学として2000年に開学。従来の情報工学や情報科学の枠組みを超えて、情報技術、デザイン、コミュニケーション、認知心理学、複雑系、人工知能などの多彩なジャンルを研究領域としている。マリンITについては、和田雅昭とマリンスターズ『マリンITの出帆 舟に乗り海に出た研究者のお話』（公立はこだて未来大学出版会）に詳しく書かれている。
> ・公立はこだて未来大学公式サイト
> https://www.fun.ac.jp/

2.5 限られた時間の中でユーザーに必要な情報を提供する

オンライン授業の幕開け

2020年は、新型コロナウイルス感染対策のために、日本中の大学が通常の対面授業からオンライン授業に一斉に切り替えた年です。ほとんどの教員はオンライン授業の経験がなく、現場は大混乱でした。

各大学は、新学期開始までの短い期間の中で、教員や学生に対してオンライン授業の実施方法・受講方法を伝えなければなりませんでした。例えば、東京大学では専用サイト「オンライン授業・Web会議ポータルサイト」（https://utelecon.github.io/）を開設し、さまざまな情報を発信しました。このサイトは東京大学の情報基盤センターと大学総合教育研究センターが協力して運営しており、日々更新されています。

しかし、東京大学のように人的資源が豊富なところばかりではありません。**限られた時間と人的資源の中で、教員にどのような情報を伝えればよいのか。**地方の小さな公立大学である、はこだて未来大学では、**教員のそのときの状況に合わせて情報を絞り込むことにより、ちょうどよいタイミングで必要な情報のみを提供できるように工夫**しました。

今、教員が必要としていることは何か？

北海道で新型コロナウイルス感染症に関する緊急事態宣言が発令されたのは2020年2月28日。3月13日、未来大ではインターネットの会議システムZoomによる教職員全学集会が開かれ、「新学期の開始を4月20日に延期すること」「オンライン授業で実施すること」が伝えられました。

オンライン授業開始まであと5週間。各教員がオンライン授業用の動画や小テスト等を作成する期間を3週間と見積もると、3月末までの残り2週間でオンライン授業の実施方法について情報提供しなくてはなりません。

情報を提供するにあたり、情報を受け取るユーザー、すなわち未来大の教員について整理し、心の声を書き出してみました（図2.5.1）。この時点で教員が知りたいことは「オンライン授業とはどういうものなのか？」ということ。オンライン授業には、授業をライブ中継する「同期型」、あらかじめ作成した動画や資料を配信する「非同期型」といった種類があります。これらのメリット・デメリット・注意点がわからなければ、授業デザインを考えることもできませんし、もちろん準備もできません。

即時性を重視し、すぐに作成したのが『オンライン授業の進め方』というPDF資料です。第1弾が配布されたのは、全学集会から3日後の3月16日。**教員が知りたいことに応える情報のみに絞り込み**、4ページにまとめました。オンライン授業を受講したことがない教員が多いことから、YouTubeにアップされているZoomのオンライン授業のURLを紹介し、**オンライン授業を実際に体験**してもらえるようにもしました。

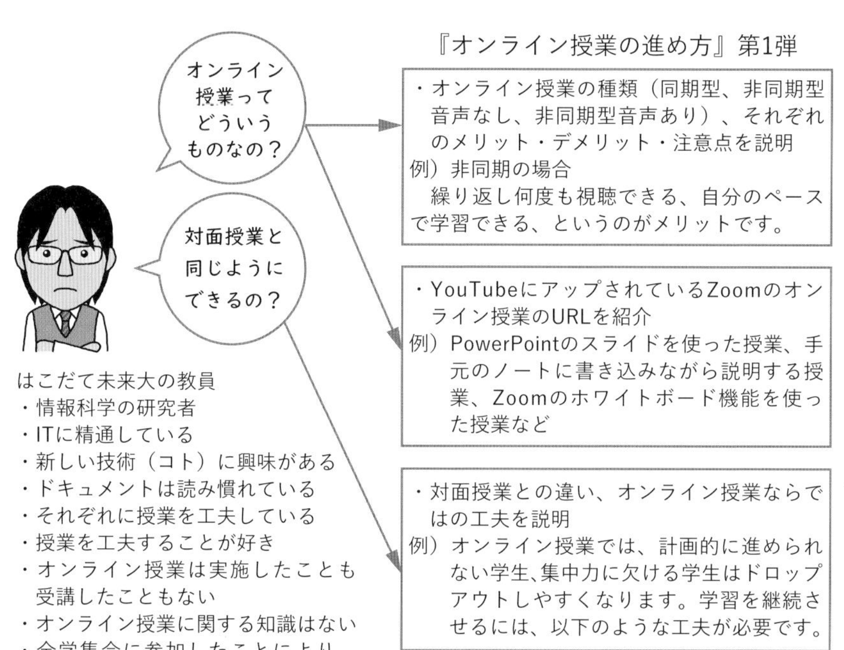

オンライン授業ってどういうものなの？
対面授業と同じようにできるの？
はこだて未来大の教員
・情報科学の研究者
・ITに精通している
・新しい技術（コト）に興味がある
・ドキュメントは読み慣れている
・それぞれに授業を工夫している
・授業を工夫することが好き
・オンライン授業は実施したことも受講したこともない
・オンライン授業に関する知識はない
・全学集会に参加したことにより、Zoomのオンライン会議は経験済み
『オンライン授業の進め方』第1弾
・オンライン授業の種類（同期型、非同期型音声なし、非同期型音声あり）、それぞれのメリット・デメリット・注意点を説明
例）非同期の場合
繰り返し何度も視聴できる、自分のペースで学習できる、というのがメリットです。
・YouTubeにアップされているZoomのオンライン授業のURLを紹介
例）PowerPointのスライドを使った授業、手元のノートに書き込みながら説明する授業、Zoomのホワイトボード機能を使った授業など
・対面授業との違い、オンライン授業ならではの工夫を説明
例）オンライン授業では、計画的に進められない学生、集中力に欠ける学生はドロップアウトしやすくなります。学習を継続させるには、以下のような工夫が必要です。

▶**図 2.5.1　教員の状況を整理。今、教員が必要としている情報を提供**

授業のタイプ別に具体的な作成手順を紹介

オンライン授業の種類がわかったら、教員が**次に知りたいのは「自分の授業について、具体的にどうやってオンライン授業を行えばよいのか」**です。

大学の授業にはさまざまなタイプがあります。教員が一方的に話す講義ばかりだと思われがちですが、プログラミングなどの演習系授業も数多くあります。板書だけでなく、Power Pointのスライドで説明する授業もとても多いです。

このような**授業のタイプによって、オンライン授業の方法も異なります。**そこで、『オンライン授業の進め方』第2弾では、**未来大で行われる授業のタイプ別に、オンライン授業の具体的な作成手順を画面入りで説明**しました。

目次は表紙に掲載し、目的別にしました。「1. スライド等の資料による授業を同期型で行う」「2. スライド等の資料による授業を非同期型で行う」のように、どの授業タイプをどのような方法で行うのかを示しているので、教員は**自分が行いたいところだけを直接参照できます。**

ネット上の情報を活用する

第2弾の配布は3月27日、作成期間は約10日でした。この作成期間ではZoomの応用的な使い方までを盛り込むことはできませんでした。そこで、表紙に「この資料では、Zoomの基本的な操作を説明しています。詳細設定や応用的な使い方については以下を参照してください」という注釈を入れ、Zoomのマニュアルが載っているサイトのURLを紹介しました。また、YouTubeにはZoomに関するコンテンツが多数あることから、YouTubeでそのようなコンテンツを検索するコツを紹介しました。

すべての資料を自前で作成するのは大変な手間がかかります。そんなとき、便利なのがインターネットです。インターネット上には、役に立つサイトが多数あります。**学内あるいは社内向けならば、そのようなサイトを紹介する、あるいはユーザー自身がそのようなサイトを探し出せる方法を紹介することにより、目的を果たすことができます。**

初めてのオンライン授業を成功させるために、教員はあれこれ工夫しました。資料に書かれているやり方だけでなく、インターネットで調べたことを取り入れたり、それらをさらに発展させたり……。

例えば、大沢英一教授(知能システムコース)は数学の授業に書画カメラを導入。書画カメラでノートを映し、そのノートに数式を手書きしながら説明したところ、「教室のホワイトボードよりも見やすくてわかりやすい」と大好評でした。

櫻沢繁教授（複雑系コース）は、学生との双方向コミュニケーションのために、パパパコメント（http://papapac.com/）というツールを利用しました。パパパコメントとは、ニコニコ動画のように画面上にコメントを表示するツールです。自宅で授業を受けながら、自分のパソコンに質問や感想を入力すると、それらがすぐに教員のスクリーンに表示され、他の学生も同時に見ることができます。櫻沢教授がそれらを拾い上げ、その場で答える。教員と学生のかけあいのような、とても臨場感のある授業です。

ユーザーは最初に得た情報から学び、さらに進化していく。これもUXの特徴の1つです。

▶図 2.5.2　授業のタイプによって必要な情報は違う。必要な情報を参照できるようにする

第2章 演習

第２章の事例から、ユーザー体験を引き出し、アプリや説明にどのように反映して、顧客体験を高めているか、工夫のポイントを整理しましょう。

問１

2.2 で紹介したのは、デザイン会社が顧客企業に依頼されて、ユーザーにより添ったアプリやシステム基盤を開発した事例です。ユーザーや顧客企業が気づいていないニーズをどのように引き出したのか、この事例で行われたことを選んでください（複数解答可）。

①対象となるユーザーと同じ属性の人を集めてワークショップを行った。
② Web でアンケート調査をして、ニーズを集計した。
③新しいビジネスモデルが社会にとって、どのように必要かをユーザーに聞き取り調査した。
④異なる立場の関係者それぞれにとって何がうれしいことかを議論し、洗い出した。

解答＿＿＿＿＿＿＿＿

問２

2.3 で紹介したのは、顧客視点に立った FAQ サイトの改善に関する事例です。この事例で行われたことを選んでください（複数解答可）。

① FAQ への質問は、日々変化するユーザーニーズを反映し、変化している。
② FAQ に製品情報を書いたところ、ユーザーからの評価が高まった。
③ユーザーがどのような体験の中で何をしたいのかを考え、ユーザーの課題を解決するようにしたところ、ユーザーからの評価が高まった。

④ FAQ 作成のためのガイドラインでは、改行位置の統一などの表記についてのみ定めた。

解答＿＿＿＿＿＿＿＿

問 3

2.4 で紹介したのは、情報システム／情報デザインの専門家が非専門家である漁業者と協働しながらシステムを開発する事例です。この事例で行われたことを選んでください（複数解答可）。

①漁業者にはタッチパネル型パソコンを使ってもらえなかった。
②高齢の漁業者が安心できるように説明した。
③漁業者と協働するために、最初に大学で漁業者にインタビューした。
④漁業者が抱えている課題は明快なので、漁業者に課題を説明してもらった。

解答＿＿＿＿＿＿＿＿

問 4

2.5 で紹介したのは、オンライン授業実施のための情報をどのように教員に提供するかという事例です。この事例で行われたことを選んでください（複数回答可）。

①情報を提供する前に、情報を受け取る教員がどのような人なのかを整理した。
②教員に、オンライン授業に関するすべての情報を一度に提供した。
③オンライン授業のメリットだけでなく、デメリットや注意点、オンライン授業ならではの工夫も説明した。
④目次は機能別にして、基本的な機能だけでなく、応用的な機能も網羅した。

解答＿＿＿＿＿＿＿＿

第2章 演習　解答例と解説

問1　①④

①対象となるユーザーと同じ属性である学生を集めてワークショップを行い、ニーズを洗い出したり、使っていることばを収集したりして、分析しました。

②新しいサービスを開発する際は、Webを使ったアンケート調査は行っていません。

③新しいビジネスモデルが社会にとって、どのように必要かは、ユーザーには想像しにくいので、聞き取り調査はしていません。

④顧客企業の異なる立場の関係者それぞれにとって何がうれしいことかを、ワークショップを通して議論し、洗い出しています。

問2　①③

①新型コロナウイルス感染対策のために外出自粛が続くと、「電子楽器にヘッドホンをつないで使うには？」という質問が増えました。FAQは、日々変化するユーザーニーズを可視化しているといえます。

②「【電子ピアノ／電子キーボード】どのようなヘッドホンが使えますか？」の質問に対して、ヘッドホン端子に関する製品情報を書いたFAQは、他と比べて、ユーザーからの評価が低くなりました。

③「【電子ピアノ／電子キーボード】どのようなヘッドホンが使えますか？」の質問について、「市販のステレオミニプラグのヘッドホンを使おうとして困っているのではないか」というように、ユーザーがどのような体験の中で何をしたいのかを考え、課題を解決するようにしました。このように顧客視点に変えることにより、評価が高まりました。

④FAQ作成のためのガイドラインでは、レベル1からレベル5までを設定しました。レベル1は改行位置の統一、レベル5ではユーザーの心情を考慮しています。

問3　①②

①漁業者は、スイッチを押せばすぐに使える機器類を普段使っていました。タッチパネル型のパソコンは、それらの機器類と操作性が異なったため、使ってもらえませんでした。

②高齢の漁業者が安心できるように、「たまに入力を忘れても資源量の推定値にほとんど変わりはありません」と説明しました。

③漁業者と協働するために、開発者である和田教授たちが現場に行き、施設や作業を見学しました。まず現場を見て、ユーザーである漁業者の仕事を理解することが大切です。

④漁業者が抱えている課題は漠然としたものなので、開発者が質問しながら一緒に課題を整理しました。

問4　①③

①情報を提供する前に、情報を受け取る教員がどのような人なのかを整理しました。ペルソナ法（**3.3** を参照）を用いています。

②その時点で教員がどのようなことを知りたいかを心の声として書き出しました。その声に応える情報のみに絞り込み、提供しました。

③『オンライン授業の進め方』の第1弾では、オンライン授業のメリットだけでなく、デメリットや注意点、オンライン授業ならではの工夫も説明しました。

④授業のタイプによって、オンライン授業の実施スタイルが異なるため、目次は目的別（例：「1. スライド等の資料による授業を同期型で行う」）にしました。これにより、教員は自分が行いたいところだけを直接参照できます。

Column

「アサーティブネス」の考え方を取り入れよう

他者と良好な関係を築き、問題解決を促進させるコミュニケーションスタイルとして、**アサーティブネス**が注目されています。ユーザーを大切にするUXは、このアサーティブネスに通じるものがあります。

アサーティブネスとは

NPO法人アサーティブジャパンによると、アサーティブネスとは「自分の気持ちや意見を、相手の気持ちも尊重しながら、誠実に、率直に、そして対等に表現すること」と説明されています。つまり、自分を大切にするのと同じように、相手のことも大切にするコミュニケーションのことを指します。アサーティブネスは、自己尊重と他者尊重の両方を備えているのです。

アサーティブネスではないコミュニケーション

アサーティブネスではないコミュニケーションを知ると、アサーティブネスの概念を理解しやすくなります。堀田美保教授（近畿大学）は、自己尊重・他者尊重の観点から、アサーティブネスではないコミュニケーションとして、攻撃型、受身型、作為型の3つをあげています※。

攻撃型は自己尊重・他者非尊重のコミュニケーションです。コミュニケーションを勝ち負けと考え、自分の主張を押し通すために、相手に変化を強要するようなコミュニケーションスタイルです。

例えば、家族に掃除を頼んだのに、家族はやっていなかったとします。攻撃型の場合、「自分の要求は正しい。相手は間違っている」と考えるので、「家事は分担すべき。あなたも掃除をやるべきだ」と責めます。確かにこの主張は正しいので、相手は掃除してくれるかもしれません。しかし、このように責められたら誰でも嫌な気持ちになるでしょう。たとえ自分の主張が通っても、相手とよい関係を構築することはできません。

受身型は、攻撃型とは真逆の自己非尊重・他者尊重です。「掃除を頼んだのに」と不満を持つが、いっても聞いてもらえないと思い、我慢して自分で掃除します。これではストレスをためてしまいます。

作為型は自分も他者も尊重しないコミュニケーションスタイルです。表面的には相手に同意しますが、実は相手の考えを受け入れたわけではありません。自分の考えを率直に話すこともせず、口を利かないなど不快そう

※堀田美保「アサーティブネス・トレーニング効果研究における問題点」教育心理学研究、p. 61、pp. 412–424（2013）

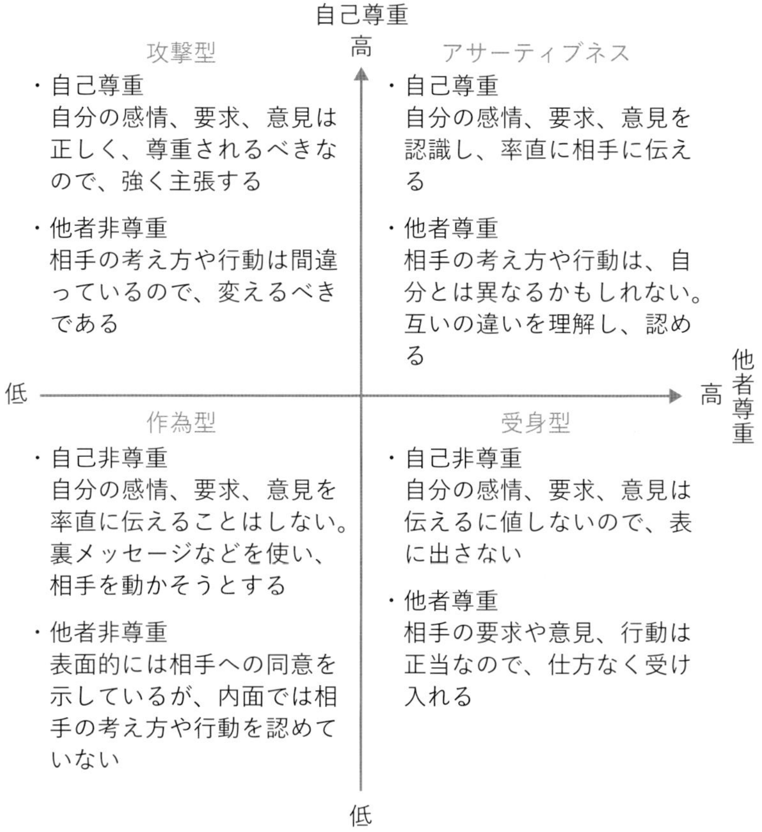

自己尊重
高

攻撃型

・自己尊重
自分の感情、要求、意見は正しく、尊重されるべきなので、強く主張する

・他者非尊重
相手の考え方や行動は間違っているので、変えるべきである

アサーティブネス

・自己尊重
自分の感情、要求、意見を認識し、率直に相手に伝える

・他者尊重
相手の考え方や行動は、自分とは異なるかもしれない。互いの違いを理解し、認める

低　　　　　　　　　　　　高　他者尊重

作為型

・自己非尊重
自分の感情、要求、意見を率直に伝えることはしない。裏メッセージなどを使い、相手を動かそうとする

・他者非尊重
表面的には相手への同意を示しているが、内面では相手の考え方や行動を認めていない

受身型

・自己非尊重
自分の感情、要求、意見は伝えるに値しないので、表に出さない

・他者尊重
相手の要求や意見、行動は正当なので、仕方なく受け入れる

低

▶**図1　コミュニケーションのスタイル**

な態度を取ったり、嫌みをいったりして、相手を動かそうとします。

日常生活の中のアサーティブネス

アサーティブなコミュニケーションでは、自分と他者の両方を尊重し、誠実に、率直に振る舞います。掃除を頼んだのに無視されたら、ガッカリするし、怒りたくもなるでしょう。しかし、感情のままにその気持ちを訴えると、攻撃型になりかねません。感情的にならずに、自分の考えや気持ちを率直に丁寧に相手に伝えます。

相手の考えは、自分の考えとは異なるかもしれません。もしかしたら、相手には掃除できなかった理由があるのかもしれません。「さぼった」と決めつけずに、理由を聞き、そのうえでどうすればよいかを話し合います。

このように、アサーティブなコミュニケーションは、余計なストレスをためずに、相手と良好な関係を築けますし、問題解決にも役立ちます。

他者としてのユーザーを尊重する

強いことばを使って相手を非難するだけが攻撃型とは限りません。例えば、パソコンソフトについて「○○ができない」とユーザーから問い合わせが来た際に、「ユーザーの知識不足」「ユーザーが誤操作したに違いない」と思い込み、解決策を一方的に押しつけるのも、他者であるユーザーを尊重していないので攻撃型といえます。

アサーティブネスの「他者尊重」とは、「相手は自分とは違う、相手には相手なりの意見や感情がある」という考えの下で、「相手の意見や感情を知ろうとし、理解し、認める」ことを指します。そのうえで、解決策を検討します。

UX ライティングも、ユーザーの意見や感情を理解したうえで、商品やサービスの情報を提供していきます。その根底には、他者としてのユーザーを尊重し、商品やサービスに関する情報を誠実に、率直に、丁寧に伝えようとする、アサーティブネスがあります。

第3章

UXライティングのプロセス

3.1 UX デザインのプロセスを活用しよう

ユーザーを中心に進める「UX デザイン」のプロセス

サービスデザインを設計するときに、ユーザーを中心に考えて開発を進める手法を **UX デザイン**と呼びます。UX デザインで**特徴的なことは、ユーザー体験を高めるために、ユーザーを詳しく分析するプロセスを経て進めていくこと**です。

UX デザインのプロセスの例として、千葉工業大学 安藤昌也教授の著書『UX デザインの教科書』(丸善出版)で紹介されている「UX デザインのプロセス」を基に作成したものが、図 3.1.1 です。調査・分析をし、コンセプトをデザインしてプロトタイプを作り、評価をして、提供(リリース)します。

UX デザインや UX リサーチと呼ばれている分野では、図 3.1.1 の各プロセスでユーザーのニーズや体験を言語化・視覚化して、分析・検討するためのさまざまな手法があります。図 3.1.1 の右側に記載しているのが、手法の一部です。「UX ライティング」は、UX デザインの手法を活用して方針を決めて書くことで、個々のセンスや感性に頼らずに、ユーザーが理解しやすい文章を書くことができます。

UX ライティングはアジャイル型開発とも相性抜群

スピードが求められる現在の社会では、システム開発の手法が変わってきています。従来のウォーターフォール型開発は、要件定義に時間をかけて仕様を決め、プログラミングで実装、テストへと進めていきます。一方、アジャイル開発では、ざっくりと設計したら、実装をし、テストをして、改善するというサイクルを繰り返して作り上げていきます。

ユーザー調査を行ってプロトタイプを作り、ユーザー評価をして、ユーザーに寄り添ったサービスを作り上げていく **UX デザインと共通する点が多いのが、アジャイル型開発**です。

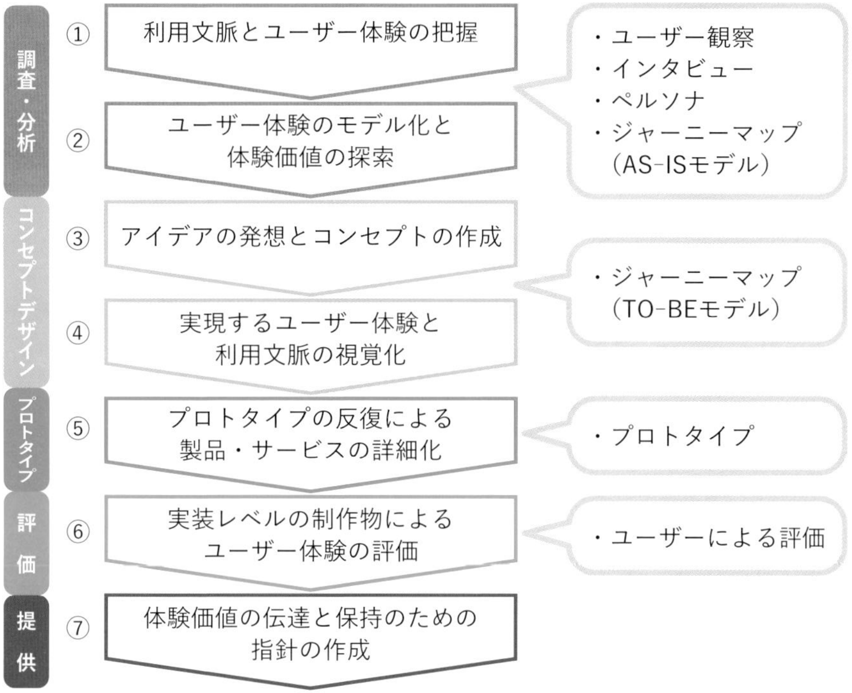

調査・分析
① 利用文脈とユーザー体験の把握
② ユーザー体験のモデル化と体験価値の探索
・ユーザー観察
・インタビュー
・ペルソナ
・ジャーニーマップ（AS-ISモデル）

コンセプトデザイン
③ アイデアの発想とコンセプトの作成
④ 実現するユーザー体験と利用文脈の視覚化
・ジャーニーマップ（TO-BEモデル）

プロトタイプ
⑤ プロトタイプの反復による製品・サービスの詳細化
・プロトタイプ

評価
⑥ 実装レベルの制作物によるユーザー体験の評価
・ユーザーによる評価

提供
⑦ 体験価値の伝達と保持のための指針の作成

出典）左図：安藤昌也「UXデザインの教科書」丸善出版、p. 108（2016）より一部抜粋。右図：著者によるもの

▶図 3.1.1　UX デザインのプロセス（左）と手法（右）

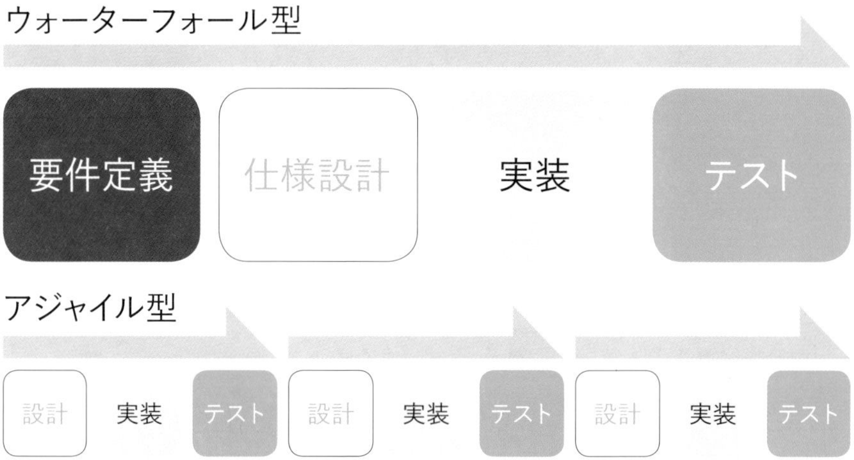

ウォーターフォール型

要件定義　仕様設計　実装　テスト

アジャイル型

設計　実装　テスト　設計　実装　テスト　設計　実装　テスト

▶図 3.1.2　システム開発の手法の違い

SE もプロマネも UX デザインの知識を活用できる

本書執筆時点ではサービスデザインの考え方が広がり、企業だけでなく行政や自治体でも、UX デザインの考え方をシステム開発に取り入れる動きが出てきています。発注担当者が機能を考え、システム開発会社が請け負って開発された従来のシステムはユーザーにとっては使い勝手が悪く、最悪、使われないといった状況が多く起きているためです。

こうした状況を変えるために、**人間中心デザインの考え方を取り入れた UX デザインの実践が注目**されています。NPO 法人人間中心設計推進機構（HCD-Net）ではこうした動きに対応し、UX デザインの専門家だけでなく、発注者や経営者、システムエンジニア（SE）、プロジェクトマネージャーといった関係者が持つべき人間中心デザインの基礎知識体系を整理し、2020 年 11 月に公表しています。図 3.1.3 は、その知識体系を図解したものです。その特徴は、次の **3 つのプロセスを互いに行き来しながら、進めていくこと**です。

- **要求定義**
- **具現化（プロトタイプ作成を含む）**
- **評価**

手法を体験しながら、ユーザーを理解していく

「人間中心デザイン」ということばでも表しているように、人が中心であるべきシステムもサービスも、ともすると提供側の都合や要求が中心になりがちです。ユーザー体験を中心にしたシステムやサービスに変えていくには、**ユーザーを知ることが何より重要**です。

しかし、ユーザーを知っているつもりでも、具体的にはあまりわかっていないのが現場の実情ではないでしょうか。そこで、UX デザインの手法を活用して、調査・分析を体験してみることをおすすめします。**3.2** からは、ユーザーインタビューやペルソナなど、UX デザインの典型的な手法を簡素化して、身近な例で活用できるように解説しています。**自分で手を動かすことで、ユーザーを見る目、捉え方を養えます。**

出典）NPO法人人間中心設計推進機構（HCD-Net）による『HCD（Human Centered Design）の考え方と基礎知識体系（報告書)』
http://doc.hcdnet.org/hcdbasic_report.pdf

▶図 3.1.3　人間中心デザインの基礎知識体系図

なるほど！
UXデザインの手法で
シートに書き
込んだら、
ユーザーの気持ち
が見えてきた

3.2 ユーザー観察とインタビューでユーザーを知る

ユーザーを外側から観る、内側から聴く

UX デザインでは、ユーザーをよく観察し、ユーザー自身が気づいていないニーズや困りごとを引き出していきます。プロセスの最初である調査・分析では、ユーザーの行動観察とインタビューの手法を活用します。

ユーザーの行動観察は、システムやサービスを利用しているユーザーの行動を外側から観て、記録・分析するものです。

インタビューでは、行動観察からではわからない、ユーザー自身が気づいていないニーズや、本質的な欲求を聴いていきます。

図 3.2.1 のように、ユーザーの行動観察とインタビューを組み合わせることでユーザーを外側と内側から「観る、聴く」ことができます。これらは頭の中で想像していたユーザーからはわからなかった、「新たな気づきを得るための手法」です。

ユーザーの環境で行動をじっくり観る

ユーザーの暮らしや仕事、公共の場所など、**ユーザーがシステムやサービスを利用する実際の場所で、ユーザーがどのような行動をしているのかを観るのがユーザーの行動観察**です。

業務システムならば、オフィスで、どのような業務をしているときに、どのようにシステムを使っているのかを観察します。行政のシステムならば、市役所などで担当者と市民がやり取りしながら、どのようにシステムを利用しているのかを観察します。

メモを取る、動画を撮るなどして記録し、一連の行動を通して、ユーザーがどのようにシステムやサービスを利用しているのかを観察しましょう。時間がかっている作業や、とまどいながら進めている操作はどこなのかなど、行動を通して課題が見えてきます。

▶図 3.2.1　ユーザーの行動観察とインタビューの関係

インタビューの質問を用意する

ユーザーにインタビューを行うときは、前もって質問事項を用意します。インタビューにかけられる時間によって、質問の数が変わります。**インタビューの目的や何を知りたいかに応じて質問の数や内容を決め、インタビュー全体を設計**しましょう。

インタビューで使う質問には、次の２つのタイプがあります。この２つを組み合わせて聞いていきます。

- クローズド質問：「はい」「いいえ」で答えられる質問
- オープン質問　：「なぜ？」「どのように？」を引き出すための質問

クローズド質問は、例えば「学習アプリを使っていますか？」というものです。「はい」か「いいえ」で答えられる、答えやすいタイプの質問です。

オープン質問は、そこから深堀りしていくものです。先のクローズド質問で「はい」という回答があったら、「どのようなときに、どのような目的で使っていますか？」といった質問をすると、より具体的な使い方がわかります。また、「いいえ」という回答があった場合は、「なぜ、使っていないのですか？」と聞くことで、使っていない理由を探っていくことができます。

答えやすいクローズド質問から始めてオープン質問へと進めていくとよいでしょう。オープン質問では、ユーザーが表に出していない情報はないかなどに注意して、じっくりと聞いていきます。**あらかじめ決めた質問順に沿って質問を進めていくのではなく、ユーザーから教えてもらう姿勢で聴いて**いきましょう。ここでも、ユーザーを中心に考えることが重要です。

ユーザー同士の気づきを促すことも効果的

インタビューでは複数のユーザーに個別に聞くことで、ユーザーの多様な声を引き出すことができます。

また、**数人のユーザーをグループに分けて、質問に対して意見を述べてもらう「グループインタビュー」の方法をとることもあります。ユーザー同士が、互いの意見を話し、聴くことで、率直な感想や隠れたニーズを引き出すことができます。**

さらに、「ワークショップ」を実施して、ユーザーとともに考え、ユーザーの隠れたニーズや「ことば」を引き出していく方法があります。**「ワークショップ」は、課題を設定し、参加者同士が課題に取り組むことで、体験を通して、気づきを引き出すもの**です。例えば、学生を集めて、「自分たちがもっとも使える、就活サイトを作ってみよう」といった課題を設定し、数時間から１日の中でいくつかのワークを通して具現化していきます。ワークショップ全体を設計することが重要です。

その際、設計した内容にそって進める、「ファシリテーター」と呼ばれる進行役も決めておきます。ファシリテーターの役割は、中立的な立場で、グループワークを支援することです。

■質問表：クローズド質問

・学習アプリを使っていますか？

はい／いいえ

・○○○○○○○○○○○○○？

はい／いいえ

・○○○○○○○○○○○○○、○○○○○○○○○
○、○○○○○○○○○○？

はい／いいえ

▶図 3.2.2　クローズド質問の例

■質問表：オープン質問

・学習アプリを使っている方へ
どのようなときに、どのような目的で使っていますか？

・○○○○○○○○○○○○○○、○○○？

・○○○○○○○○○○○○○○、○○○？

なぜ？
どのように？
を聞く質問です
聞き手が
ほしい情報に
誘導しないよう、
注意しましょう

▶図 3.2.3　オープン質問の例

3.3 ペルソナ法でユーザーの顔を「見える化」する

「顔ナシ」のままでは、ユーザーが見えてこない

ユーザーの行動観察やインタビューを実施してユーザーが考えていることを分析しても、プロトタイプを作ったり画面に表示するメッセージを考えたりし始めると、ユーザーを忘れて提供側視点で書いてしまうことがあります。

書く前に、その「読み手」を想定できていますか？「このようなイメージの人」という、ざっくりしたイメージで書き始めてはいませんか？

UX デザインでは、ユーザーを分析し、課題を洗い出し、その課題を解決するサービスや機能を提供することで、サービス価値を高めていきます。

それにはユーザー調査の結果をチームで分析し、その結果に基づいて想定する読み手を特定、具体化しておかないと、「読み手」がブレてしまいます。例えば、「若手から中堅の社会人がスマホで学べる学習アプリ」を開発しているとしましょう。中心となるユーザーをどのように想定しますか？

「ユーザーは、若手から中堅の社会人で、仕事に役立つスキルを学びたいと考えている人」では、大雑把すぎます。「若手」を何歳くらいとするのか、「中堅」をどの程度の職務経験がある人とするのか、人によって捉え方が異なるでしょう。また、仕事に役立つスキルとは何なのかもはっきりしません。これでは、想定したユーザーはぼんやりした「顔ナシ」の状態です。

「ペルソナ法」でユーザーの顔を「見える化」する

そこでUX デザインでは、「ペルソナ法」を使って、ユーザー像を具体化していきます。**「ペルソナ法」とは、実在する人のように仮想のユーザーを具体的に描写する手法です。**米国のソフトウエア設計者、アラン・クーパーが 1999 年に提唱したもので、年齢や職業などの属性を詳細に設定す

るだけでなく、ユーザー調査に基づいてユーザーの価値観や行動パターンを検討し、ユーザー像を作っていきます。つまり、ユーザーの顔が見えるようにしていくことで、次のようなメリットがあります。

固有のニーズを持つユーザーを満足させられる

すべてのユーザーのニーズに応えることは不可能です。多くのユーザーニーズに応えようとするあまり、ターゲットが絞れておらず、特徴のない機能が数だけそろったシステムやサービスになることがあります。こうした場合は**ユーザータイプを絞ることで、ニーズを明らかにし、満足するサービスや製品を作ることにつながります。**

チームでユーザー像を共有する

前述のように「若手」や「中堅」といっても、人によって捉え方はまちまちです。そうしたブレが生じないように、**ペルソナを作ることで共通認識を持つことができます。**何かに迷ったら、チームのメンバーの主観ではなく、「このペルソナならどう思う？」という視点を判断基準にすれば、ブレをなくすことができます。

若手で、ビジネススキルを学びたいと考える真面目な人？

ライティングが苦手な若手の人

ペルソナ法で分析したら、ユーザーの顔が見えてきた！

25歳。男性。システム開発の技術者。
設計者や報告書を書くことが苦手で学びたい

▶図 3.3.1　ペルソナ法で、ユーザー像をはっきりさせる

「ペルソナシート」でペルソナを作る

ペルソナ法を活用してユーザー像を作成するときは、サービスやシステムを開発する全員で行いましょう。全員で作成することでメンバーそれぞれが持っているユーザー像を明確にし、共通認識を作ることができます。

ユーザー調査・分析をしたら、図 3.3.2 のようなペルソナシートを作って整理しましょう。ペルソナ像を上の2つの枠に書き込み、行動と特徴やニーズ、不満を下の枠に書き込みます。

ペルソナシートは、次のような手順で整理していきます。

①それぞれのメンバーがペルソナシートにユーザー像を書き込む

枠の（2）から（4）について、行動観察やインタビューから引き出し、分析したユーザーの特徴を、自分のことばで書き込んでいきましょう。

②それぞれがペルソナシートを基に発表する

このステップでは他のメンバーのペルソナを否定したり、批判したりしないことをルールとして、それぞれの考えを共有します。

③ユーザー像を合成する

1人のペルソナにまとめて合成します。タイプの異なるペルソナが必要なときは、複数のペルソナを作ることを検討して決めます。

④名前と似顔絵を書き込む

ペルソナに名前を付け、どのようなイメージなのか、似顔絵を描き込みます。似顔絵の代わりに写真を使ってもよいでしょう。必要があれば、(2) のプロフィールにも書き加えます。

ペルソナを作る際の注意点

ペルソナをまとめるときに、複数のペルソナを作った場合は、その人数分、ペルソナシートを作っておきます。ただし、ペルソナの数が多すぎると、典型的なユーザーを具体化し、活用するという目的があいまいになります。優先順位を付けて、数点に絞りましょう。

ペルソナシート

ペルソナの名前とイメージ（1） ●名前	ペルソナのプロフィール（2） ●性別： ●年齢： ●職業：
ペルソナの行動と特徴（3） ●特徴やよくする行動	ペルソナのニーズと不満（4） ●ニーズ（目標） ●不満

▶図 3.3.2　ペルソナシートの(2)から(4)の 3 つの枠に埋めていく

ペルソナシート（記入例）

ペルソナの名前とイメージ（1） ●名前 中井優介 （なかいゆうすけ）	ペルソナのプロフィール（2） ●性別：男性 ●年齢：25歳 ●職業：システム開発者 新卒で入社し、3年目。 意欲を買われて、新規プロジェクトを担当することになった。
ペルソナの行動と特徴（3） ●特徴やよくする行動 論理的に物事を考え、システムの全体像を把握し、コツコツ努力する。 一方で、自分の頭の中でわかっていることをアウトプットするのが少し苦手。 上司に書いた報告書がわかりにくいと指摘されることがある。	ペルソナのニーズと不満（4） ●ニーズ（目標） 読み手が理解しやすいライティング技術を身に付けたい。 ●不満 ライティング技術を学んだことがないので文章の書き方で悩むことがある。

▶図 3.3.3　メンバーが書いたペルソナ―シートを 1 枚にまとめ、（1）に名前と似顔絵を書き込む

「ペルソナシート」の活用方法

ペルソナシートを作ったら、チームのメンバーがよく見える場所に貼り出しておきます。作っただけで満足せずに、**常に見えるようにしておくことが大切です。**もちろん、グループウエアにも登録し、いつでも参照できるようにしておくとよいでしょう。

こうしておけば、「ペルソナの中井優介さんなら、すきま時間にさっと学べるよう、スッキリとした説明で次へ導いてくれるような文章のほうがいいよね」というように、サービスの説明文を書くときやその表現を考えるときに、常にペルソナを意識することができるでしょう。

複数のペルソナを作成した場合は、主にどのペルソナに向けて書く文章なのかを意識して書きます。システムやサービスで使う文章は、読み手の目的ごとに用意し、その目的を達成したいと考えるペルソナに向けて書きます。

文章のレビューをする際も、設定したペルソナにとって理解しやすいかどうか、受け入れやすいかどうかを判断の基準にするとよいでしょう。

ペルソナを成長させながら、付き合っていく

ペルソナはプロジェクトの最初に作り、それをサービスや製品開発のプロセスを通して活用していきます。プロトタイプが完成したら評価の場面で、修正が入ったら追記や変更の場面で、指針として使います。

作成したペルソナは、プロジェクトを進める中で、必要があれば修正したり、追加したりしていきましょう。最初に決めた人物像を踏襲しながら成長させ、友人として付き合っていくようなイメージです。

さらに要求を分析するなら「ペルソナ共感マップ」

サービスを開発するときには、ユーザーの望みをより細かく分析して進めることがあります。**サービスデザインでは、ペルソナシートをもう少し複雑にした図 3.3.4 のような「ペルソナ共感マップ」を使うこともできます。**中心にユーザーを置いて、どのような考えを持ち、何を見聞きしていて、何をしたいのかを考えます。それを阻害する要因は何で、何を得たいのかといったことを整理することができます。

▶**文例 3.3.1　ペルソナを意識せずに学生を含む若者向けに書いた例**

ビジネススキルの中でも「ライティングスキル」は、重要なコミュニケーションスキルです。ビジネス文書には、「社内文書」と「社外文書」があり、盛り込む要素も、表現も異なります。「社内文書」とは、会社内の上司や同僚、組織の関係者を読み手として書く文章で…

BEFORE

▶**文例 3.3.2　ペルソナである中井優介さんを意識して書いた例**

テレワークが普及した現在、文章で伝えるための「ライティングスキル」はより重要視されるようになっています。
まずは、各種の連絡文書やメールなど「社内文書」の書き方から学んでいきましょう。

AFTER

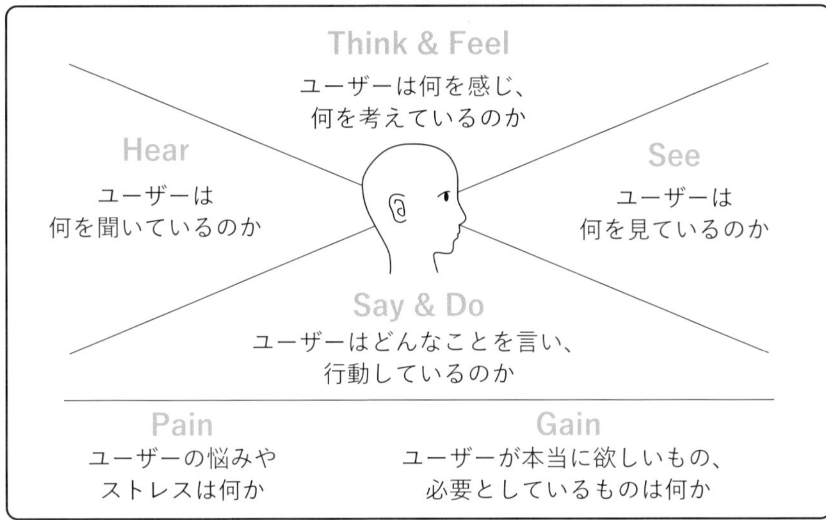

出典）イゴール・ハリシキヴィッチ「【デザインマネジメントシリーズ】 実践デザインマネジメント 創造的な組織デザインのためのツール・プロセス・プラクティス」監訳＝篠原稔和、訳＝ソシオメディア、東京電機大学出版局、p. 216（2019）

▶**図 3.3.4　「ペルソナ共感マップ」。より細かくユーザーのニーズを整理できる**

3.4 ジャーニーマップで行動を洗い出す

体験を時間軸に沿って整理し、マッピングする

ペルソナシートで仮想ユーザーを見える化したら、次にそのユーザーがどのようにシステムやサービスを利用するのか、行動を洗い出して「ジャーニーマップ」と呼ぶシートに整理していきましょう。

ジャーニーマップは、ユーザーの経験を時間軸に沿って表や図にし、現状（AS-IS）とあるべき姿（TO-BE）があることを整理する手法です。

整理する際は、ユーザーの行動が分析しやすいようにいくつかの項目で分け、図3.4.1のように左から右へと時間の経過に沿って整理します。

行動のプロセスとタッチポイントを書き込む

あるサービスやアプリをユーザーがどのように利用しているのか、ジャーニーマップに書き込んでいきましょう。ここでは、ある学習アプリを利用するユーザーを想定して整理していきます。ユーザー観察やインタビューから作成したペルソナであるユーザーが、どのように行動しているのかを考えて、まとめていきます。

- **プロセス：行動の段階の区切りをざっくりと分けていきます**
- **タッチポイント：行動の区切りごとに、サービスやシステムとの接点を書き入れます**

ジャーニーマップへの記入は、関係者で集まってグループワークをしてもよいでしょう。どのようなプロセスがあるのか、タッチポイントはどこなのかといった点について整理していく中で、複数の視点で検討することによって具体的な行動の流れがまとまっていきます。

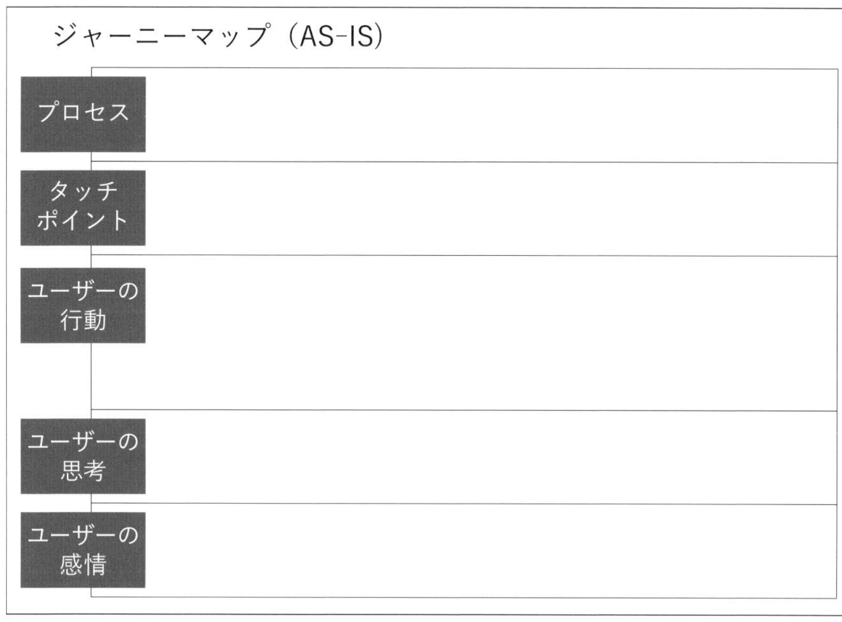

ジャーニーマップ（AS-IS）
プロセス
タッチ
ポイント
ユーザーの
行動
ユーザーの
思考
ユーザーの
感情

▶図 3.4.1　ジャーニーマップのテンプレート例

▶図 3.4.2　ジャーニーマップにプロセスとタッチポイントを記入

現状のユーザーの行動、思考、感情を書き込む

次に、具体的な行動（システムとのタッチポイント）を書き込みます。ユーザー観察やインタビューから引き出した情報も参考にして、ユーザーが各プロセスで何をしているのかを洗い出しましょう。機能の流れからではなく、ユーザーの行動に焦点を当てて流れを整理することで、ユーザーが一連の作業の中で、どのように行動しているのかが明らかになります。

さらに、インタビューから引き出した内面の動きに合わせて、各作業でどのように考えて行動したかを書き込みます。作業ごとに、考えていることは異なるでしょう。その思考を書き込んでいきます。

「ユーザーの感情」の欄には、ユーザーの感情の動きを書き込みます。やる気や期待感など、図 3.4.3 のようにわかりやすいアイコンやキーワードを入れておくと、ユーザーの気持ちを可視化できます。

・ユーザーの行動：ユーザーの行動を作業や手順ごとに詳しく分けて書き込んでいきます
・ユーザーの思考：ユーザーが行動したときに、何を考えて行ったか、どう考えたかを書き入れます
・ユーザーの感情：ユーザーの感情面の変化を書き入れます

AS-IS と TO-BE を使ってカタチにする

現状のユーザーの行動を時間軸に沿って整理するのが、ジャーニーマップを作る目的です。「現状」の意味で（AS-IS）と呼びます。

さらに、**課題を書き出し、それを解決した「あるべき姿」（TO-BE）を書き込んだジャーニーマップを使うと、次のプロトタイピングへとつなげやすくなります。**

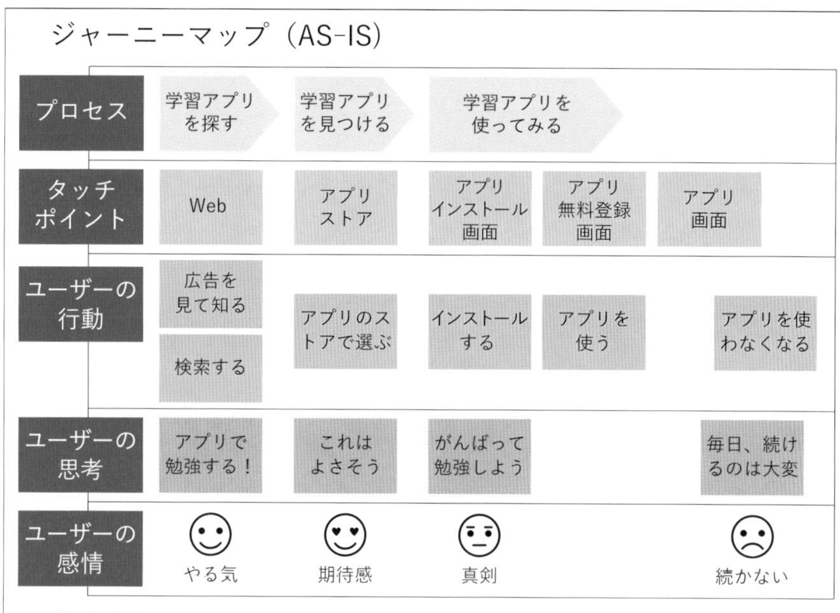

▶図 3.4.3　ジャーニーマップにユーザーの行動、思考、感情を記入

▶図 3.4.4　あるべき姿の「TO-BE」を書き込めるジャーニーマップ

3.5 プロトタイピングで形にする

流れに沿ってポイントとなる画面を設計する

システムやサービス開発では、ユーザー調査や分析結果から得て、ペルソナシートやジャーニーマップで可視化した情報を基に、**機能の名称や使う用語を決めます。ユーザーが理解できる用語や表現を使いましょう。**

次に、画面のデザインなどの**プロトタイプ（試作品）を作って関係者で評価し、改善していきます。**実際のサービスを提供した後で問題が起こるリスクを減らし、満足度の高いシステムやサービスを提供するためです。

UX デザインではユーザー価値を高めるためのプロセスとして、プロトタイピングを捉えています。分析したユーザーの特徴やニーズを形にして評価し、改善へとプロセスを進めていきます。

プロトタイピングでは、ジャーニーマップのプロセスとタッチポイントで洗い出した、主要な画面のイメージを形にします。プロジェクトの時間と予算に合わせて、プロトタイプのできあがりを決めます。例えば、ある程度の時間があり、費用をかけられる案件ならば、ボタンをクリックすると次の画面に切り替わるような動くプロトタイプを作ります。時間も予算も厳しい場合は、ペーパープロトタイプと呼ぶ、動かない画面を作って説明ができるようにすればよいでしょう。

「ことば」に着目して、プロトタイプを作る

ユーザー中心の観点から、**プロトタイピングでは、画面の文言やメッセージなど「ことば」の使い方に留意しましょう。**ユーザーとサービスが接するタッチポイントでは、ユーザーを安心させるのも、がっかりさせるのも「ことば」が関係します。ユーザーと対話しながら作業を進めていくような「ことば」を選びましょう。

例えば、ユーザーが違和感を持つのは、使っていることばは間違っていないけれども、ユーザーが日頃なじんでいることばではなかったり、専門

用語を説明なく使っていたりする場面が多いものです。図3.5.1の右側の画面にある「インストール」ボタンは、日頃からアプリをインストールするのに慣れているユーザーならば、このボタンの意味することがすぐにわかるでしょう。しかし、あまりアプリを使っていなかったり、スマホ自体に慣れていなかったりするユーザーにとっては、「使い始める」といった表現がわかりやすいかもしれません。

ユーザーと対話しながら進めていくイメージで、ユーザーに伝わる「ことば」を選び、プロトタイプの画面を作成していきましょう。

1日15分の
学習習慣が
一生ものの
スキルになる！
方法を見る
アプリを知るための画面
今日から
始めましょう！
インストール
30日間
無料体験
インストール画面
画面の説明や
メッセージ、
ボタンにある「ことば」が、
ユーザーとの「対話」を
促します！

▶図3.5.1　プロトタイプの画面構成

プロセスに従って、プロトタイプを使い分ける

プロトタイプは、システムやサービスを具現化するために作成するものです。目的やプロセスに応じて、プロトタイプの手法を使い分けます。

例えば、サービスそのもののコンセプトを企画する段階では、「ストーリーボード」と呼ばれる、活用シーンのイメージや画面、どのように使われるのかを説明した文章をまとめたボードを数枚作成します。ストーリーボードで順を追って、紙芝居のように説明していくことで、サービスの流れを関係者が具体的にイメージできるようにします。

図 3.5.2 は、ストーリーボードのテンプレート画面です。使われる状況、画面イメージ、画面に対する説明などを記述して使います。

プロトタイプの次のステップでは、画面に対する操作と反応を具体化していきます。この段階では、「ワイヤーフレーム」と呼ぶプロトタイプを作成します。ワイヤーフレームは、ボタンや説明文などを画面上に、「何を、どこに、どのように」画面に配置するかを示した設計図です。

さらに、サービスが動いている様子がわかるように、ワイヤーフレームを基に一部のシステムを作り込み、動くプロトタイプを作成することもあります。

プロトタイプをどこまで作り込むか

プロトタイピングのプロセスでは、**次の要素を洗い出して、完成度（精度）を決めます。**

・目的　・日数　・費用

プロトタイプをどこまで作り込むかは、準備にかけられる期間（日数）と予算（費用）によって決まります。動くプロトタイプまでを作り込めない場合は、「ペーパープロトタイプ」と呼ばれる、紙の上に表した画面をプロトタイプとして使います。

関係者がシステムやサービスの流れ、画面デザインのイメージをつかんで検討できるよう、プロトタイプ作成の期間と予算に合わせて作成するプロトタイプの種類を選び、準備しましょう。

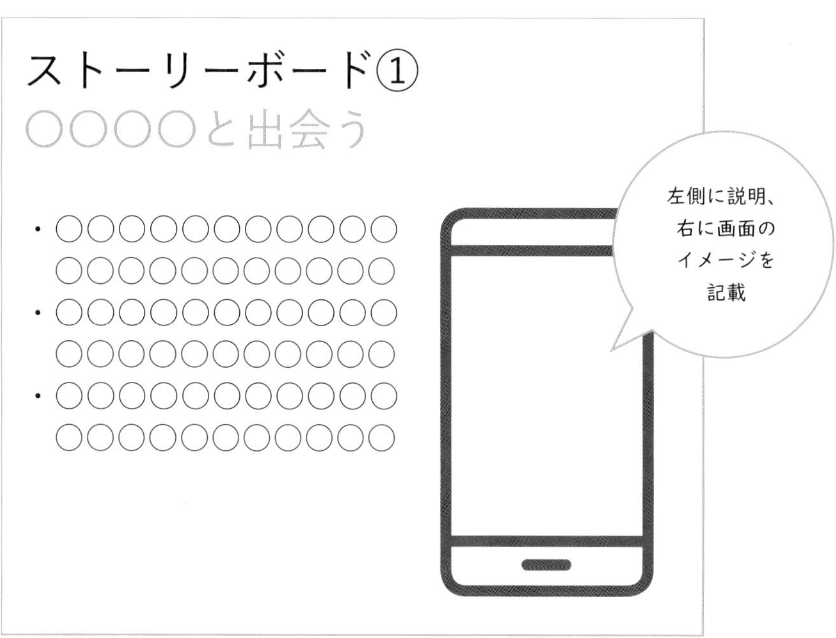

▶図 3.5.2　ストーリーボードのテンプレート

3.6 評価をして改善のサイクルを回す

プロトタイプを評価して改善する

プロトタイプを作成してカタチにすることで、システムやアプリの流れを把握することができます。プロトタイプを評価するときは、ペルソナシートやジャーニーマップとともに、分析したユーザーのニーズや課題に合致しているかどうかを検討していきましょう。

UX デザインの手法でまとめた各種シートやアウトプットを活用することで、個人的な経験や感想で評価してしまうのを避けることができ、ここまでに多様な視点を入れて吟味してきた結果からずれがないかを検討できます。

異なる視点を持つチームのメンバーで評価する

評価は、システムやサービスの開発にかかわるメンバー全員で実施しましょう。どんなに優れたシステムでも、ビジネスとして成り立ち、社会システムとして継続して利用されなくては成功とはいえません。

UX デザインの関係者やシステム開発の技術者の視点だけでなく、システムやサービスにかかわる営業や販売の担当者、ユーザーをサポートする窓口の担当者といった**多様な目で評価することが大切です。**接しているユーザーによって状況は異なり、経験していることも異なります。それぞれの担当者が接しているユーザーが抱える課題を解決できているか、ユーザーが抱いている期待への貢献が実現できているかどうか、意見を聞いていきましょう。

UX デザインのガイドラインなども参考にするとよいでしょう。意見が割れたら、ペルソナに戻って、「このユーザーならばどう考えるか」を基準に検討しましょう。そして、**何より重要なユーザーの評価も必ず取り入れましょう。評価のプロセスで出てきた「ことば」を、システムやサービスの改善に反映します。**

ジャーニーマップを修正、プロトタイプを改善する

関係者から評価を受けたら、**必要に応じてジャーニーマップを修正**しておきましょう。特に、TO–BEを修正しておくと、あるべきサービスをチーム全体で共有できます。

3.1で説明したように、アジャイル型開発ではUXデザインのプロセスに応じて、調査・分析、コンセプト作成、プロトタイピング、評価を行い、それぞれのプロセスを見直しながらプロトタイピングして評価するといったサイクルを何度か回しながら、最終形のシステムやサービスへと進めていきます。

ストーリーボード①
スキルアップアプリ○○と出会う
・ニュースサービスやゲームサービスの広告画面で、右のようなアプリの紹介画面を表示する
・1日15分の学習習慣がビジネススキルの向上につながることを訴求する

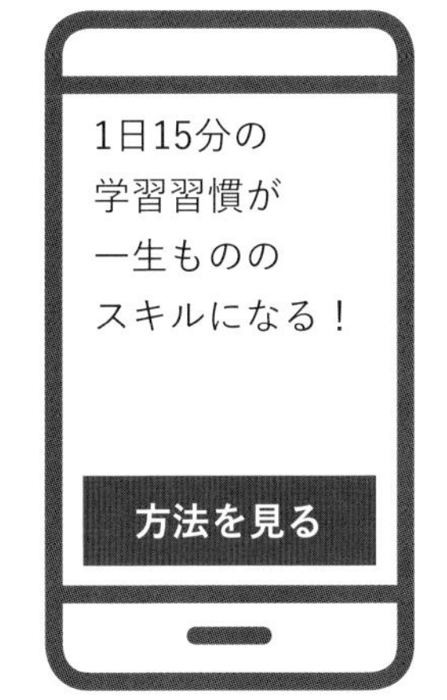
1日15分の
学習習慣が
一生ものの
スキルになる！
方法を見る

・関係者を集め、ストーリーボードを基に説明をする
・出てきたコメントや疑問に対して答え、システム開発に活かす

▶図 3.6.1　ストーリーボードで説明をし、評価をして改善する

第3章 演習

第３章の本文で使用している例題を使って、ペルソナシートとジャーニーマップを作成してみましょう。ここでは社会人向けの「学習アプリ」を例にしましたが、自分が関心のあるサービスを例にしてもかまいません。

問１

自分が開発したい学習アプリ、あるいは既存の学習アプリを１つ選び、まだあまり活用していないけれども、今後、この学習アプリを使ってほしいペルソナを、テンプレートの「ペルソナシート」に記入して、分析してみましょう。

ペルソナシート

ペルソナの名前とイメージ（1）	ペルソナのプロフィール（2）
●名前	●性別： ●年齢： ●職業：
ペルソナの行動と特徴（3）	**ペルソナのニーズと不満（4）**
●特徴やよくする行動	●ニーズ（目標） ●不満

問2

　問1で分析したペルソナがどのように学習アプリに出会い利用するのか、ジャーニーマップ（AS-IS）のテンプレートを使って、現状のジャーニーマップを作成してみましょう。

第3章 演習　解答例と解説

UXデザインは、正解を見いだすものではありません。可視化しながら、ユーザー中心のよりよいシステムやサービスを作成するものです。

解答例を参考にして考え方のヒントとしてください。

また、友人や同僚とともに話し合いながら作成することも、UXデザインの考え方を広める方法として効果的です。

問1

テレワークやデジタルトランスフォーメーション（DX）を推進していく立場にあり、学習アプリで新しい学びを体験したいと考えている、中小企業の人事部の中堅社員をペルソナとした例です。

ペルソナシート（解答例）

ペルソナの名前とイメージ（1）	ペルソナのプロフィール（2）
●名前 安藤　美優 （あんどう　みゆ） 	●性別：女性 ●年齢：32歳 ●職業：○○販売（株）人事部　主任 新卒で就職して10年。人事の仕事に慣れてきたが、2020年はコロナ感染対策対応で、これまでとは異なった対応、業務が増えた。
ペルソナの行動と特徴（3）	**ペルソナのニーズと不満（4）**
●特徴やよくする行動 採用や教育に関して、やりがいを感じている。旅行が好きで、各地の日本酒を居酒屋で同僚と飲むのが楽しみだった。コロナ感染対策でテレワークを自社でも導入し始め、新たな人事制度や、業務のツール、コミュニケーションスキルを学ぶ必要があると考えている。	●ニーズ（目標） 業務や私生活とのバランスを取りながら新たなことを学びたい。 ●不満 学習アプリは便利そうだが、本当に役立つものかどうか、わからない。

▶図1　問1の解答例のペルソナシート

問 2

学習アプリを使おうとするときのジャーニーマップの記入例です。

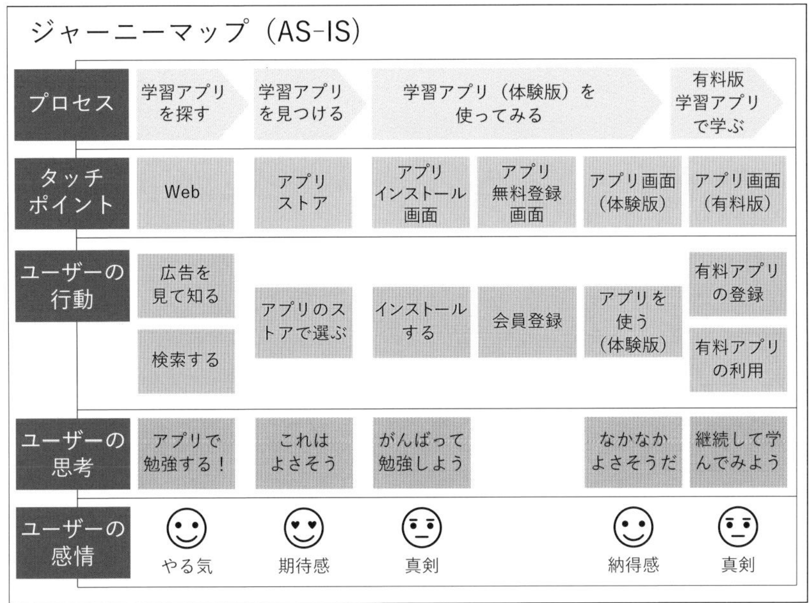

▶**図 2　問 2 の解答例のジャーニーマップ**

ユーザーのニーズや役に立つのかといった疑問を解決する方法を考えてみましょう。

画面イメージを手書きしたり、パソコンを使って描いてみたりすることもおすすめです。

特別定額給付金、マイナポイント、申請システムに困った人が続出

現在、デジタル・ガバメントの推進のため、行政サービスの電子申請が可能になっています。しかし、まだまだ課題は多いようです。

わかりにくいシステムと説明が混乱を招く

2020年春、新型コロナウイルスによる経済の落ち込みに対する施策として、1人10万円の特別定額給付金が閣議決定されました。自治体の電子申請システムで申告が可能なのですが、「システムも説明もわかりにくい」との声が続出しました。また、申告ミスが多く、自治体の職員が手作業でチェックしているとの報道がありました。

特別定額給付金の申請に必要なものはいったい何？

図1は、「特別定額給付金ポータルサイト」から「申請方法（オンライン）」を選ぶと表示される画面です。オンラインの申請は、「マイナンバーカード」を持っていることが条件です。したがって、マイナンバーカードを持っていない人は、画面を見て「マイナンバーカードの申請はこちら」のリンクをクリックして申請を行おうとすることでしょう。

しかし、画面に※印で書かれている補足説明を読んでみると、申請から発行まで1か月以上がかかること、さらに窓口が混雑している場合にはこれ以上の時間がかかることがあると書かれています。これでは、利用者はいつになったら給付金を受け取れるのかと不安に思うことでしょう。

マイナンバーカードを持っている人でも、次の準備で「②マイナンバーカード読取対応のスマホ(又はPC+ICカードリーダ)」とあります。パソコンから申請するには「ICカードリーダ」が必要になることが、ここで初めてわかるのです。ちなみにICカードリーダは、一般のパソコンには標準装備されていません。

これでは問い合わせが殺到するのも無理はありません。ユーザーの状況やシステムでどのように理解して申請できるのか、ユーザー視点で検証していなかったのではないのかと想像します。

マイナポータルからオンライン申請を行う場合は、
以下の準備が必要になります。

❶ 申請者（世帯主）のマイナンバーカード
※オンライン申請は、世帯主のみ行うことができます。
※世帯全員分の申請を行うことができます（マイナンバーカードをお持ちでない家族の分も行うことができます）。
マイナンバーカードの申請方法はこちら。
※マイナンバーカードは申請から取得まで概ね1か月ほどかかりますのでご留意ください。
※マイナンバーカードの申請が一定期間内に集中したり、市区町村の窓口が混雑している場合には、これ以上のお時間をいただくことがあります。

❷ マイナンバーカード読取対応のスマホ（又はPC＋ICカードリーダ）
iPhone・Android対応機種はこちら

❸ 「マイナポータルAP」の検索、インストール

出典）総務省「特別定額給付金」ポータルサイト
https://kyufukin.soumu.go.jp/

▶図 1　特別定額給付金の説明

マイナポイントって何？ 間違ってはいないけれどわからない説明

もう 1 つ、行政の Web ページのわかりにくい説明文の例を見てみましょう。図 2 は、マイナポイントのポータルサイトにある説明です。

マイナポイントってなに？

……

マイナンバーカードを使って予約・申込を行い、
選んだキャッシュレス決済サービス（※）でチャージやお買い物をすると、
そのサービスで、ご利用金額の25%分のポイントがもらえるのが
「マイナポイント」のしくみです。（お一人あたり5,000円分が上限です）
※ＱＲコード決済（○○Pay）や電子マネー（交通系のＩＣカードなど）、クレジットカードなどのことです。

出典）総務省「マイナポイント」ポータルサイト
https://mynumbercard.point.soumu.go.jp/about/

▶図 2　マイナポイントの説明

マイナポイントは、マイナンバーカードの普及と消費活性化を目的にした政府の事業です。2020 年 7 月 1 日からマイナポイント利用の手続きがスタートしましたが、2020 年 9 月現在、普及はスローペースのようです。UX ライティングの観点から、このマイナポイントについての説明がわかりにくい理由が見つかりました。

・一文が長く、複数の内容が盛り込まれている
・あらかじめ予約・申し込みを行うことと、キャッシュレス決済で利用するとポイントが還元されるという、2つの場面の異なる内容が一文の中にある
・補足説明が※で示されていたり、括弧（）で囲われていたりして統一感がなく、簡潔でない

これでは理解しにくく、すぐに使ってみよう、申し込みをしてみようといった利用者の行動にはつながりません。

利用者中心、市民中心の電子行政システムへ

オンライン申請や申し込みが進むことで行政の手続きがスピーディーになり、サービスの向上が期待されています。しかし、上記のように実際のシステムはまだまだ「制度ありき」、「機能ありき」で開発されていること多いようです。

新型コロナウイルス感染症対策で、DX（デジタルトランスフォーメーション）への移行が期待されています。システムそのものの使いやすさはもちろん、わかりやすい説明文がセットで提供されることの重要性が、この先、ますます高まることでしょう。

考えてみると、Google も Amazon も Facebook も Apple も、ユーザーの使いやすさと製品やサービスのわかりやすさ、技術の進化のスピードの速さで成長してきた企業です。

世界に通用するサービスに学び、わかりやすく伝える技術を政府や行政、民間企業で働く多くの人が磨いていくことで、日本を元気にしていきましょう。

第4章

わかりやすくなる書き方のポイント、UX のスタイルガイド

4.1 とにかく短く、簡潔に

1つのことを1つの文で説明する（一文一義）

「1つのことを1つの文で説明する」ことを一文一義といいます。文章に関する書籍の多くは、一文一義で書くことを推奨しています。

なぜ、一文一義がわかりやすいのか？

一文一義で書かれていると、読み手は1つの文で1つの事柄を読み取ることができます。1つの事柄だけなので、理解するのも簡単です。ちゃんと理解したうえで、次の文に進むことができます。1つずつ順番に理解しながら読み進めていけるので、一文一義で書かれた文章はわかりやすいのです。

盛りだくさん文はやめよう

文例4.1.1と文例4.1.2は、インターネット上のレンタルサービスなどのサイトに会員登録した際に表示されるメッセージです。

この文例で書き手が伝えたい事柄は次のとおりです。

①登録手続きを完了すると、登録したメールアドレスが画面右上に表示される。
②登録したメールアドレスに招待メールが自動配信される。
③招待メールが届かない場合は、確認してほしい。
④確認内容1：迷惑メールフォルダの中に招待メールがないか。
⑤確認内容2：画面右上に表示されたメールアドレスに間違いはないか。

文例4.1.1は、複数の事柄①～⑤を1つの文に盛り込んでいるために、長い文になっています。1つの文の中で、次から次へと新しい事柄が出てくるので、一度読んだだけでは内容を理解できません。

文例 4.1.2 は、**書き手が伝えたい事柄①〜⑤をそれぞれ 1 つの文で説明**しています。特に、確認内容は 2 つあることがはっきりとわかるように、箇条書きを使っています。

▶文例 4.1.1　1 つの文に情報が盛りだくさん

登録手続きを完了すると、ご登録のメールアドレスが画面右上に表示され、そのメールアドレスに招待メールが自動配信されますが、もし招待メールが届かない場合は、迷惑メールフォルダの中に招待メールがないか、あるいは画面右上に表示されたメールアドレスに間違いがないかを確認してください。

BEFORE

▶文例 4.1.2　一文一義に修正

登録手続きを完了すると、ご登録のメールアドレスが画面右上に表示されます。そのメールアドレスに招待メールが自動配信されます。もし招待メールが届かない場合は、以下の 2 点をご確認ください。

・迷惑メールフォルダの中に招待メールがありませんか？
・画面右上に表示されたメールアドレスに間違いはありませんか？

AFTER

・伝えたい事柄を箇条書きに整理する。
・1 つの箇条書きに 1 つのことだけを書くようにする。
・説明の順番を考え、箇条書きを並べ替える。
・声に出して読み、順番がわかりやすいか確認する。
・1 つの箇条書きを 1 つの文にする。
・必要があれば適切な接続詞を挿入し、文同士の関係をわかりやすくする。
・1 文が 50 字以上になるときは、盛りだくさん文になっていないかをチェックする。

▶図 4.1.1　一文一義で書くコツ

長い修飾語句は別の文にする

修飾語句を文中に追加すると、より詳しい情報を読み手に伝えることができます。例えば、「新商品が発売される」は主語と述語だけのシンプルな構造です。この文を「A 社の新商品が 7 月に発売される」に修正します。修飾語句「A 社の」「7 月に」を追加したことにより、「どこ」の新商品が「いつ」発売されるのかがわかります。

修飾語句の長さに注意！

修飾語句の長さには注意が必要です。長い修飾語句を入れると、文が長くなるだけでなく、文の構造も複雑になってしまいます。

文例 4.1.3 を読んでみましょう。この文は「プラチナポイント」というポイントについての説明ですが、肝心の「プラチナポイント」がなかなか出てきません。

文例 4.1.3 の文の構造を図 4.1.2 に表してみました。冒頭の「6 カ月間連続でオプションサービスを利用した場合に自動的に得ることができる」という長い修飾語句が、主語の「プラチナポイント」を修飾しています。長い修飾語句があるために文の構造が複雑になり、その結果、内容を読み取りにくくなっています。

長い修飾語句はどうする？

長い修飾語句は、文の外に出して別の文にします。文例 4.1.4 では、長い修飾語句を独立させ、「6 カ月間連続でオプションサービスを利用すると、プラチナポイントを自動的に得ることができます」という 1 つの文にしています。

このように、長い修飾語句を文の外に出して別の文にすると、1 つの文で 1 つのことを説明する一文一義になります。

▶文例 4.1.3　長い修飾語句が含まれている

６カ月間連続でオプションサービスを利用した場合に自動的に得ることができるプラチナポイントは、通常ポイントと同じようにサービス使用料金として利用できます。

BEFORE

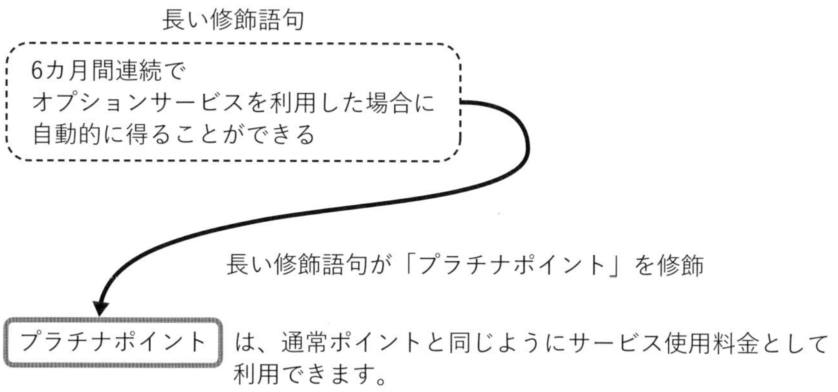

長い修飾語句

6カ月間連続で
オプションサービスを利用した場合に
自動的に得ることができる

長い修飾語句が「プラチナポイント」を修飾

プラチナポイント　は、通常ポイントと同じようにサービス使用料金として利用できます。

▶図 4.1.2　Before の文の構造

▶文例 4.1.4　長い修飾語句を別の文にする

６カ月間連続でオプションサービスを利用すると、プラチナポイントを自動的に得ることができます。プラチナポイントは、通常ポイントと同じようにサービス使用料金として利用できます。

AFTER

4.2 語りかけるように書く

読み手が読む気をなくす文章とは

世の中には、読み手にまったく合っていない文章があります。なぜ、こんなことになるのでしょうか？ それは「読み手に語りかける」という発想がないからです。

文例 4.2.1 は、企業側から配信されるメールの留意点を書いたものです。読み手はコンピューターの専門家ではなく、普通のユーザーを想定しています。年齢層も幅広く、普段読んでいるものもさまざまです。

しかし、**普通のユーザーを対象としている割には、コンピューター特有の表現が多く使われています。**例えば「メール配信が行われる」がその1つです。あなたは「友だちにメール配信を行った」「お母さんからメール配信された」といいますか？ 普通は「友だちにメールを送った」「お母さんからメールが届いた」というでしょう。

また、**ビジネス文書特有の堅い表現**も見られます。文例 4.2.1 に書かれている「事由」「遅延」はビジネス文書で使われることはありますが、日常生活で使われることはあまりありません。

日頃からビジネス文書を読んでいてこのような堅い表現に慣れている人ならば、抵抗なく読めるでしょう。しかし、そうでなければ「事由」「遅延」という文字を見ただけで読む気をなくしてしまいます。

読み手を想像し、語りかける

このメール配信についての留意点を書き直すために、**まず読み手が目の前にいることを想像します。**例えば、あなたの家族や知り合いでもかまいません。このメールを受け取る人を想像してみましょう。**その人に語りかけるように書きます。**

そうやって書いたのが文例 4.2.2 です。コンピューター特有の表現「メール配信が行われる」は、日常会話で使われる表現「メールが届く」に書き直しました。「遅延」といった漢字の熟語も、日常会話で使われる「遅れる」という表現に書き直しました。漢字の熟語はひらがな混じりのことばに置き換えると、雰囲気がやわらかくなります。

「事由」は「理由」に置き換えることができますが、「システム障害等のやむを得ない理由により、」ではまだ堅いです。普通、そんなふうには話しません。目の前に読み手がいるのならば「システム障害などのやむを得ない事態が起こった場合は、」などと語りかけるのではないでしょうか。

語りかけるように書くには、ペルソナ法（3.3 参照）が役に立ちます。ディスプレーに文字を打つのではなく、ペルソナシートの似顔絵に向かって語りかけてみてください。ペルソナに届く表現が見つかるはずです。

▶文例 4.2.1　表現が堅い、企業からのメール

・メール配信が深夜に行われる場合があります。
・システム障害等のやむを得ない事由により、メール配信は一時的に中止あるいは遅延されることがあります。

BEFORE

▶文例 4.2.2　日常会話で使われる表現に修正したメール

・深夜にメールが届く場合があります。
・システム障害などのやむを得ない事態が起こった場合は、メールが一時的に届かなくなったり、遅れたりすることがあります。

AFTER

▶図 4.2.1　読み手を具体的に想像し、話しかけるように書く

4.3 ユーザー視点でことばを選ぶ

日常感覚に合った表現を使う

電化製品などの取扱説明書では、読み手が混乱しないように、ことばや表現を統一するのが一般的です。しかし、無理に統一すると、違和感のある文章になる場合があります。

文例 4.3.1 は、レンタルサービスのサイトで商品の予約手順を説明しているところです。この例では、どの手順も「～を指定して～ボタンを押してください」という表現に統一しています。そのため、文字だけを見ると、整然とそろっている感じがします。

しかし、利用したい日にちをカレンダーから選ぶのに「日にちを指定する」というのは、いかにも「コンピューターの操作」という感じがします。自分の名前や連絡先を入力ボックスに入力することを「指定する」というのもなんだかヘンです。

文例 4.3.2 では、**ユーザーが実際に行う操作や日常感覚に合わせて**、ことばを変えました。例えば、「カレンダーから日にちを指定して」は「利用したい日にちを選んで」とし、「お名前、電話番号を指定して」は「お名前、電話番号を入力して」としました。こちらのほうが、ユーザーにはしっくりきます。

普段使っていることばは業界用語かも

コンピューターなどの取扱説明書では、「設定を行う」「印刷をする」などのことばをよく見かけます。しかし、新聞など一般の読み物では、「設定する」「印刷する」と表現します。「設定を行う」「印刷をする」は、実はコンピューターならではの表現なのです。

もしかしたら、**会社の中で普段あなたが使っていることばも業界用語かも**しれません。ユーザー向けに書く際は、もう一度ことばを見直しましょう。

▶文例 4.3.1 「〜を指定して〜ボタンを押してください」に統一

①検索条件を指定して「検索」ボタンを押してください。条件にあった商品が表示されます。
②カレンダーから日にちを指定して「OK」ボタンを押してください。
③お名前、電話番号を指定して「OK」ボタンを押してください。

BEFORE

③お名前、電話番号を指定してOKボタンを押してください。
お名前
電話番号
OK
指定する？私の名前を入力するのよね？

▶図 4.3.1 文例 4.3.1 は、ユーザーにとってはピンとこない

▶文例 4.3.2 実際に行う操作に合わせて表現を変更

①検索条件を入力して「検索」ボタンを押してください。条件にあった商品が表示されます。
②利用したい日にちを選んで「OK」ボタンを押してください。
③お名前、電話番号を入力して「OK」ボタンを押してください。

AFTER

ユーザーが「何をできるようになるのか」を書く

文例 4.3.3 では、レンタルサービスの登録方法を説明しています。法人向けの説明と個人向けの説明では必要事項は異なりますが、文の形や語彙（ごい）は同じです。法人向けならばこのくらい堅い表現でもよいと思いますが、個人向けにはやや堅すぎます。

文例 4.3.4 は、思い切って文の形を変えてみました。「このレンタルサービスをすぐにご利用いただけます」というように、**ユーザーが何をできるようになるのか**を最初に書いています。

個人向けの説明は、ユーザーの年齢層に合わせてカジュアルな表現を使ってもよいでしょう。**ユーザーにマッチした表現**を考えてみましょう。

ユーザーにとって「どんなよいことがあるのか」を書く

文例 4.3.5 では、レンタルサービスのステージの 1 つである「ゴールドステージ」について説明しています。簡潔でわかりやすい説明ですが、「ゴールドステージとは〜」という説明の仕方なので、単なる用語説明になっています。

文例 4.3.6 は、**ユーザーの視点に立ち、ユーザーにとってどんなよいことがあるのか**を書いています。ユーザーの視点になっているかどうかは、文の主体（誰が／誰は／誰の）を加えてみるとわかります。ユーザーに語りかけるように、この文に「あなた」を加えてみます。

あなたの利用ポイントが5000ポイントに到達すると、**あなたは**ゴールドステージにランクアップします。

修正前と異なり、「あなた（ユーザー）」の視点から書かれていることがわかります。

▶文例 4.3.3　法人向けも個人向けも文の形や語彙は同じ

法人向け

本レンタルサービスをご利用いただくには、必要事項（会社名、部署名、管理者氏名、連絡先、お支払い方法）の登録をお願いします。

個人向け

本レンタルサービスをご利用いただくには、必要事項（氏名、連絡先、お支払い方法）の登録をお願いします。

BEFORE

▶文例 4.3.4　個人のユーザーに寄り添った表現に修正

個人向け

このレンタルサービスをすぐにご利用いただけます。お名前、ご連絡先、お支払い方法の入力はこちら！

AFTER

▶文例 4.3.5　確かに説明しているが、ただの用語説明

ゴールドステージとは、利用ポイントが5000ポイントのステータスのことです。

BEFORE

▶文例 4.3.6　ユーザーにとってよいことを書く

利用ポイントが5000ポイントに到達すると、ゴールドステージにランクアップします。

AFTER

4.4 丁寧さのさじ加減を心得る

その丁寧さは必要？

ユーザーに対して丁寧に接することは大切ですが、過剰な丁寧さは読み手をいら立たせることもあります。

文例 4.4.1 は、ID を忘れたときの対処法を説明したものです。インターネット上のサービスに登録したものの、ログインするための ID やパスワードを忘れてしまうということはよくあることです。うっかり忘れたときのために、例のような対処法のページが用意されています。

文例 4.4.1 は、相手がユーザーなので以下のように敬語を多用しています。

- お選びください
- 入力いただき
- お受け取りになった
- ご確認ください
- ご登録いただいた
- お忘れになった
- お探しください

1 つの文の中に何回も敬語が出てくると、文字数も増えるし、まどろっこしい感じがします。

ユーザーが必要としていることはなに？

ID を忘れて困っているときにユーザーが必要としているのは、丁寧な言葉遣いではなく、対処法がすぐにわかることです。

文例 4.4.2 は**過剰な敬語をなくし、対処法を簡潔に書いています**。「お探しください」ではなく、「探してください」という普通の表現でも特に失礼な感じはしません。

▶文例 4.4.1　敬語を多用、丁寧だけど……

> ① ID 通知先としてご登録いただいたメールアドレスを入力いただき、「送信」をお選びください。
> 万が一、ご登録いただいたメールアドレスをお忘れになった場合は、アカウントをご登録いただいた際にお受け取りになった［発行完了メール］をお探しください。［発行完了メール］は ID 通知先としてご登録いただいたメールアドレス宛てにお送りしております。
> ② ID 通知先としてご登録いただいたメールアドレス宛てに、「○○サービス ID 通知」という件名にてメールをお送りいたします。ID はメール本文に記載しておりますので、ご確認くださいますようよろしくお願いいたします。

BEFORE

▶文例 4.4.2　過剰な敬語をなくし、対処法を簡潔に

> ① ID 通知先として登録したメールアドレスを入力後、「送信」ボタンをクリックしてください。
> 登録したメールアドレスをお忘れの場合は、アカウント登録時に受信した［発行完了メール］を探してください。［発行完了メール］は、ID 通知先として登録したメールアドレス宛てに送られています。
> ② ID 通知先として登録したメールアドレス宛てに、「○○サービス ID 通知」という件名のメールが届きます。ID はメール本文に書かれています。

AFTER

読み手によって丁寧さの加減を決める

どのくらい丁寧に書けばよいのかは、読み手によって違います。文章を書く前に、読み手は誰なのかを整理してみましょう。

読み手は大きく分けると、ユーザー、社外の人、社内の人に分けることができます。

ユーザーには、さらに特定のユーザー、不特定多数のユーザー、これからユーザーになってくれるかもしれないユーザー予備群がいます。

社外の場合は、こちらから何らかの仕事を依頼している会社の人、あるいは同じプロジェクトを一緒に担当しているパートナー会社の人がいます。仕事によっては、監督官庁や自治体の人が読み手になることもあるでしょう。

社内の場合も、同じ部署、違う部署、人事部や経理部のような管理部門、決定権を持つ経営陣などがあげられます。上司、同僚、部下という分け方もあります。

読み手との親しさ、状況は？

読み手との親しさによっても、丁寧さは変わります。読み手との親しさは、お付き合いの期間と程度で捉えることができます。例えば、初めて会うユーザーと、長年お付き合いがあり気心の知れたユーザーとでは、丁寧さは違います。

また、同じ読み手でも、状況が違えば丁寧さの加減も変わります。図4.4.2 のチェックリストを使って、**読み手の状況を緊急性、困っている程度、感情から整理**してみましょう。

どのくらい丁寧に書けばよいのか迷うときは、**丁寧さの程度を変えて 2 種類書いてみる**とよいでしょう。例えば、敬語を使った丁寧なパターンと簡潔なパターンを書いて、比べてみます。同僚に読んでもらい、感想を聞くのもよいでしょう。

▶図 4.4.1　読み手は誰？

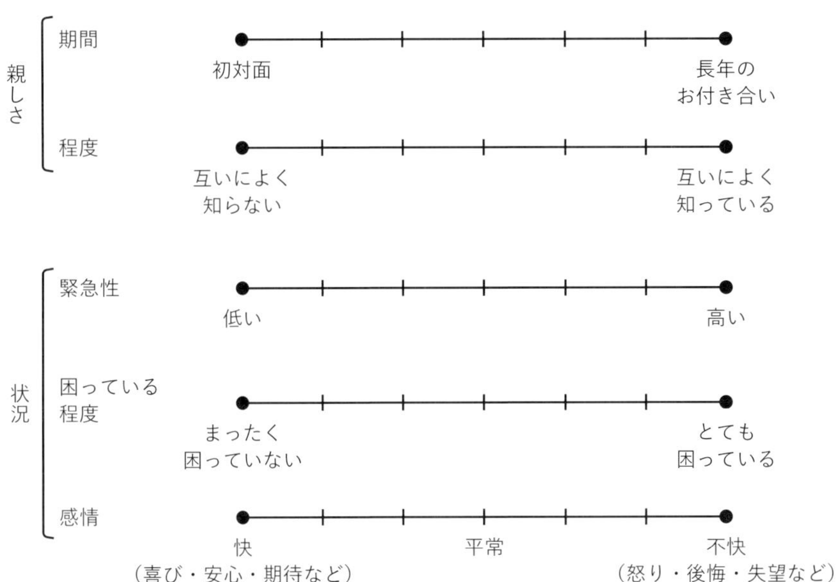

▶図 4.4.2　読み手との親しさ・状況をチェック

4.5 ヒントを提供する

何を入力すればいいの？

インターネット上のサービスを利用する場合、入力欄にいろいろな情報を入力するように求められることがあります。その際、何をどのように入力すればよいのか迷うことはありませんか？

例えば、図 4.5.1 のように「Google アカウントでログイン」と表示されていても、「Google アカウント」が何を指すのかがわからないと入力することができません。

しかし、図 4.5.2 のように、**入力欄に「******@gmail.com」と表示されていれば、「Gmail のメールアドレスを入力すればいいんだな」とすぐにわかります。**

認証コードも同様です。認証コードやパスワードなどは、サービスによって使用できる文字の種類（英字・数字・記号）や文字数が違います。いろいろなサービスに登録している人にとっては、どれがどれだか迷いがちです。図 4.5.2 のように、**（数字 6 桁）と表示されているとヒントになります。**

直感的にわかるヒント

電話番号や郵便番号の場合は、「ハイフン（–）を入力しなければならないサイト」と、「ハイフン（–）を入力しなくてよいサイト」があります。うっかり間違えて、再入力させられることもしばしば。

図 4.5.2 では、携帯電話の入力欄に「***–****–****」と表示されています。これならば、**ハイフンを入力することが直感的にわかります。**

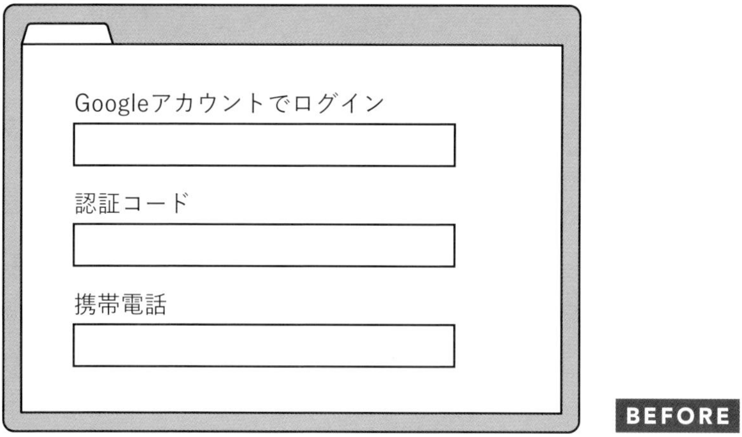

Googleアカウントでログイン

認証コード

携帯電話

BEFORE

▶図 4.5.1　何を入力すればよいのかわかりにくい入力欄

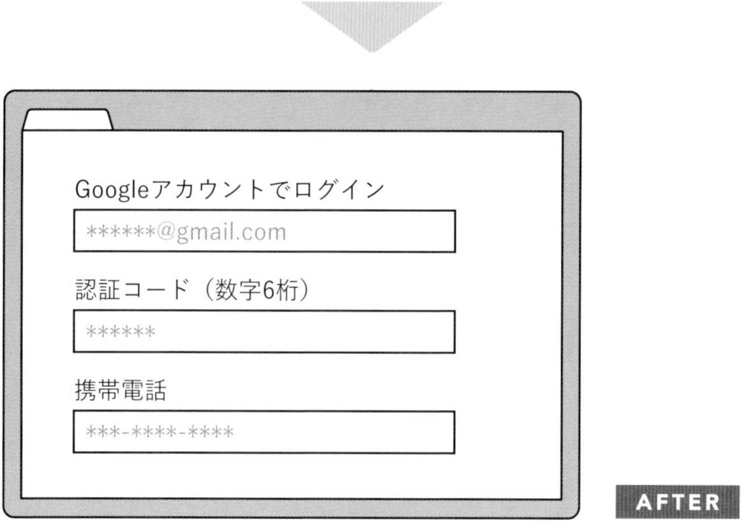

Googleアカウントでログイン

******@gmail.com

認証コード（数字6桁）

******

携帯電話

-*-****

AFTER

▶図 4.5.2　入力のヒントを入力欄に表示

4.6 失敗を役立つ体験に変える書き方

対処法をアドバイス

操作ミスは誰にでもあることです。すぐに修正できるささいなミスもあれば、どうすればよいのかとまどい、途方に暮れる大きなミスもあります。そんなとき、どのようなメッセージを伝えればよいのでしょうか。

文例 4.6.1 は、容量制限のためにファイルを送ることができなかったときのメッセージです。エラーメッセージだけなので、ユーザーは自分で対処法を探し出さなければなりません。

文例 4.6.2 には、**ファイルの圧縮やクラウドサービスといった対処法も書かれています**。操作手順まで書くと分量が増えてしまうので、詳細については別のサイトを参照できるようにしています。

ユーザーを安心させるための情報を伝える

文例 4.6.3 は、パスワードの入力ミスによる利用停止のメッセージです。書かれていることは確かにそのとおりなのですが、自分では正しいと思っているパスワードを入力していて、いきなり「不正アクセスを検知した」といわれて利用停止にされたら誰でも驚きますし、不安に思うユーザーもいるでしょう。

文例 4.6.4 では、**ユーザーを安心させ、適切な操作に導くために、原因、状況、対処法を伝えています。**まず、利用停止になった原因「誤ったパスワードが 4 回連続して入力された」を伝えています。また、利用停止は「不正アクセスを防ぐため」であることを伝えており、ユーザーのデータを守るためであることも伝えています。さらに、ユーザーが心配している取引内容については「そのまま継続されている」ことを伝え、どうすれば利用を再開できるかを伝えています。**原因がわかったので、同じ操作ミスを繰り返すこともなくなるでしょう。**

パスワードの入力ミスよりも、さらに重大なミス、例えばコンピューターウイルスが疑われるメールを開いた、ワンクリック詐欺まがいのサイトにアクセスしたなどの場合は、ユーザーはパニックになりがちです。「〜という状況ならば、まだ大丈夫です」「落ち着いて、次の対処をしてください」というように、ユーザーを落ち着かせるようなメッセージも効果があります。

▶文例 4.6.1　エラーメッセージのみ、どうしたらよいの？

ファイル容量オーバー：添付できるファイル容量は 20MB までです。

BEFORE

▶文例 4.6.2　対処法をアドバイスし、詳細を知りたい場合についても案内

添付できるファイル容量は 20MB までです。以下の方法を試してみてください。
・zip 形式に圧縮：ファイル容量を小さくできます。圧縮方法はこちら。
・弊社のクラウドサービス：50GB まで無料で利用できます。利用方法はこちら。

AFTER

▶文例 4.6.3　パスワードを入力したら、利用停止になった！

不正アクセスを検知したため、アカウントが利用停止になりました。ご利用を再開したい場合は、お客さま相談窓口 0120-XXX-XXX にご連絡ください。

BEFORE

▶文例 4.6.4　原因、状況、対処法を親切に説明

誤ったパスワードが４回連続して入力されました。不正アクセスを防ぐため、アカウントの利用を一時的に停止しますが、お客さまの取引内容はそのまま継続されています。お客さま相談窓口 0120-XXX-XXX にご連絡いただければ、利用を再開できます。

AFTER

4.7 専門用語をやたらと使わない

専門用語がわからない

新しいサービスや技術が次々と生まれるに従い、私たちが日頃目にする読み物にも専門用語が含まれるようになりました。しかし、その分野の専門的な知識がない場合は、専門用語に引っかかってしまい、内容を理解することができません。

文例 4.7.1、文例 4.7.2、文例 4.7.3 は、ユーザー向けに書かれた説明です。インターネット上で契約書などの重要なデータをユーザーとやり取りするにあたり、ユーザーに安心してもらうために、データの安全性を確保していることを説明しようとしています。

しかし、文例 4.7.1 には、「トラストサービス」「タイムスタンプ」「e シール」といった専門用語が含まれており、一般のユーザーには理解できません。

そこで、文例 4.7.2 では「タイムスタンプ」の仕組みを詳しく説明しようとしています。しかし、ここでも「原本データ」「ハッシュ値」「アーカイブ」といった専門用語が出てきており、さらに難しくなっています。これでは、データの安全性を確保していることがユーザーには伝わりません。

専門用語を普通の表現に置き換える

文例 4.7.3 では、**専門用語を普通の表現に置き換え**てみました。例えば、「トラストサービス」は「データの安全性を確保する仕組み」に置き換えました。同じように「タイムスタンプ」「e シール」も普通の表現に置き換えました。このような普通の表現ならば、専門知識がない人でも理解することができます。

▶文例 4.7.1　専門用語がいっぱいで一般の人にはわかりにくい

> インターネット上で重要なデータをやり取りするには、トラストサービスが不可欠です。当社では、トラストサービスとして、タイムスタンプやeシールを導入しています。

BEFORE

▶文例 4.7.2　専門用語を説明したら、さらに専門用語が出てきた……

> このサイトでは、タイムスタンプを導入しています。タイムスタンプは、ユーザーからセンターに送られた原本データのハッシュ値に正確な時刻を付与して、ユーザーにタイムスタンプとして発行するとともに、センターでもそのデータとタイムスタンプをアーカイブします。

BEFORE

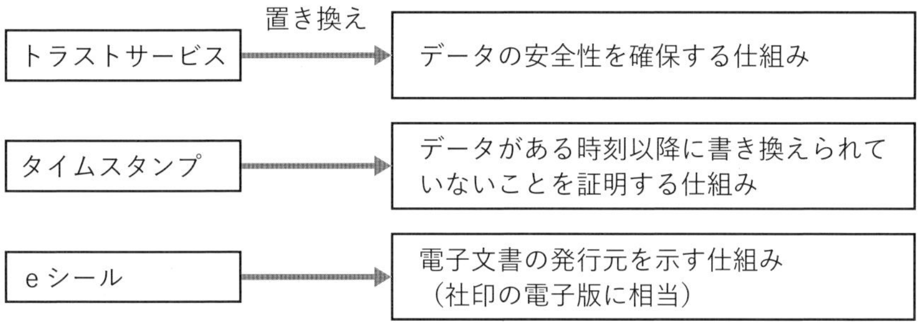

▶図 4.7.1　専門用語を普通の表現に置き換える

▶文例 4.7.3　専門用語を普通のことばに置き換えた表現

> インターネット上で重要なデータをやり取りするには、データの安全性を確保する仕組みが必要です。
> 当社では、データの安全性を確保する仕組みとして、以下を導入しています。
> ・データがある時刻以降に書き換えられていないことを証明する仕組み
> ・電子文書の発行元を示す仕組み（社印の電子版に相当）

AFTER

専門用語をきちんと定義する

文例 4.7.3 では、「トラストサービス」を「データの安全性を確保する仕組み」に置き換えました。しかし、この書き方だと、トラストサービスについて説明しようとするたびに「データの安全性を確保する仕組み」と書くことになります。

読み手にしてみると、何度も「データの安全性を確保する仕組み」が出てくると文が長くなりますし、ややクドイ感じもします。

このように、何度も出てくる専門用語は**最初にきちんと定義して、読み手に知ってもらう**とよいです。文例 4.7.4 では、「トラストサービスとは〜」というように定義しています。

比較して説明する・例を出して説明する

専門的な内容を説明する方法としては、**「比較しながら説明する」「例を出して説明する」**というやり方があります。

例えば、文例 4.7.5 では、「e シール」を説明するために、e シールの導入前と導入後について、例を出して比較しながら説明しています。例があるので、読み手はイメージしやすくなります。説明に合わせたイラストを入れるのも効果的です。

カタカナ用語の意味を説明する

カタカナ用語の場合は、その意味を示して説明するというやり方があります。例えば、「タイムスタンプ」は「Time（時刻）」と「Stamp（判を押す）」を組み合わせたことばで、元々は郵便物の発送日時を示すために押される刻印のことを指します。元々の意味や語源がわかると、理解しやすくなります。

▶文例 4.7.4　専門用語をきちんと定義

インターネット上で重要なデータを安全にやり取りするには、トラストサービスが必要です。トラストサービスとは、データの安全性を確保する仕組みです。
当社では、トラストサービスとして以下を導入しています。
・タイムスタンプ：データがある時刻以降に書き換えられていないことを証明する仕組み
・e シール　　　：電子文書の発行元を示す仕組み（社印の電子版に相当）

AFTER

▶文例 4.7.5　例を出して比較しながら説明

例えば、A 社からメールで請求書が届いても、それが本当に A 社からの請求書なのかはわかりません。しかし、e シールの仕組みを導入すると、請求書データには A 社の e シールが電子的に付与されているので、請求書データの発行元が A 社であることを確認できます。

AFTER

▶図 4.7.2　イラストでイメージを伝える

第4章　わかりやすくなる書き方のポイント、UXのスタイルガイド

4.8 翻訳しやすい文例の書き方

論理関係をはっきりさせる

インターネット上の自動翻訳は、年々精度を上げています。しかし、日本語の原文によっては、誤った翻訳結果になります。

例えば、**原文の論理関係があいまいだと、書き手の意図とは異なる翻訳結果になる**ことがあります。文例 4.8.1 では「実施しましたが」というように、接続助詞の「が」が使われています。通常、接続助詞の「が」は逆接を表します。そのため、この文を自動翻訳にかけると、接続助詞「が」は「but」に翻訳されます。

しかし、原文をよく読むと、この「が」は逆接ではなくことばをつなぐための順接として使われています。そのため、「but」に翻訳されると意味不明の英文になってしまいます。

文例 4.8.2 の原文は、**論理関係をはっきりさせる**ために 2 文に分け、「その結果」という接続表現を使っています。論理関係が明快なので、英文も正しく翻訳されています。

1 つの意味に読み取れるようにする

複数の意味に読み取れる表現も正確に翻訳されません。例えば、「田中先生の本」には以下の意味があり、それぞれ翻訳結果が異なります。

・田中先生が所有する本 (Books owned by Dr. Tanaka)
・田中先生が書いた本 (Books written by Dr. Tanaka)
・田中先生について書かれた本 (Books written about Dr. Tanaka)

日本語の原文は、1 つの意味にしか読み取れないように書きましょう。

▶文例 4.8.1　順接の接続助詞「が」が「but」に翻訳された

お客さまの満足度向上のためにアンケートを実施しましたが、多くのお客さまに回答いただき、有益な情報を得ることができました。

We conducted a survey to improve customer satisfaction, **but** we were able to get useful information from many customers.

BEFORE

▶文例 4.8.2　適切な接続表現「その結果」に修正

お客さまの満足度向上のためにアンケートを実施しました。その結果、多くのお客さまに回答いただき、有益な情報を得ることができました。

We conducted a survey to improve customer satisfaction. **As a result**, we were able to get useful information from many customers.

AFTER

田中先生が所有する本
(Books owned by Dr. Tanaka)

田中先生が書いた本
(Books written by Dr. Tanaka)

田中先生について書かれた本
(Books written about Dr. Tanaka)

▶図 4.8.1　「田中先生の本」というと、どれを指す？

第4章 演習

わかりやすい文章、読み手や内容に合った文章を練習しましょう。

問1

次の文には、複数の情報が盛り込まれています。一文一義になるように修正してください。

(1) 市民講座の受講料の支払い方法の説明

受講料の支払い方法には、毎月 3,000 円を市役所の窓口で支払う月払いと半期分 18,000 円をクレジットカードで支払う一括払いがありますが、材料費など講座ごとの諸経費は講師に直接支払ってください。

解答

(2) 市が行っている「ホストファミリー募集」のお知らせ

市内在住の留学生の1泊〜2泊のホームステイあるいは宿泊なしのホームビジットを、ホストファミリーとして受け入れてくださるご家庭を募集しています。

解答

問 2

次の文は、市が運営している「こども cafe」のお知らせです。読み手は子育て中の保護者です。この文の問題点を①〜④の中から選んでください（複数解答可）。

> 市民センターのカフェでは、育児中の保護者とその未就学児を対象に、保護者同士が交流したり、保育士および栄養士に育児相談できる場として、毎月第 1 水曜日に「こども cafe」を実施しています。

①１つの文に複数の情報が含まれており、文が長くなっている。
②「カフェ」と「cafe」が混在しており、用語が統一されていない。
③「未就学児」「および」という表現はやや堅く、「こども cafe」には合っていない。
④読み手は育児でとても困っているはずなのに、緊急性に欠けている。

解答＿＿＿＿＿＿＿＿

■問 3

子育て中の保護者向けに、問２の文を書き直してください。

解答

＿＿＿＿＿＿＿＿＿＿＿＿＿＿＿＿＿＿＿＿＿＿＿＿＿＿

＿＿＿＿＿＿＿＿＿＿＿＿＿＿＿＿＿＿＿＿＿＿＿＿＿＿

＿＿＿＿＿＿＿＿＿＿＿＿＿＿＿＿＿＿＿＿＿＿＿＿＿＿

＿＿＿＿＿＿＿＿＿＿＿＿＿＿＿＿＿＿＿＿＿＿＿＿＿＿

＿＿＿＿＿＿＿＿＿＿＿＿＿＿＿＿＿＿＿＿＿＿＿＿＿＿

第4章 演習　解答例と解説

問1

(1) 問題の文には、以下の情報が盛り込まれていました。

・支払い方法に「月払い」と「一括払い」があること
・月払いの方法
・一括払いの方法
・講座ごとの諸経費の支払い方法

解答例1：それぞれを1文にしました。

> 受講料の支払い方法には、月払いと一括払いがあります。月払いは、毎月 3,000 円を市役所の窓口で支払ってください。一括払いは、半期分 18,000 円をクレジットカードで支払ってください。なお、どちらも講座ごとの諸経費（材料費など）は、講師に直接支払ってください。

解答例2：「月払い」と「一括払い」の情報は箇条書きにしました。

> 受講料の支払い方法には、月払いと一括払いがあります。なお、材料費など講座ごとの諸経費は、講師に直接支払ってください。
> 　・月払い　：毎月 3,000 円を市役所の窓口で支払う
> 　・一括払い：半期分 18,000 円をクレジットカードで支払う

解答例3：諸経費については最後に書いても OK です。

> 受講料の支払い方法には、月払いと一括払いがあります。
> 　・月払い　：毎月 3,000 円を市役所の窓口で支払う
> 　・一括払い：半期分 18,000 円をクレジットカードで支払う
> なお、講座によっては材料費などの諸経費がかかることがあります。諸経費は講師に直接支払ってください。

(2) 問題の文には、以下の情報が盛り込まれていました。

・ホストファミリーを募集していること
・受け入れのタイプ

「ホストファミリー募集」のお知らせなので、まずホストファミリーを募集していることを１文目に書きました。

> 市内在住の留学生を受け入れてくださるホストファミリーを募集しています。受け入れのタイプには、１泊～２泊のホームステイと、宿泊なしのホームビジットがあります。

問２　①③

①「こども cafe」の情報（いつ、どこで、誰を対象に、何ができるのか）が１文に含まれており、文が長くなっています。
②冒頭の「カフェ」は一般名詞、「こども cafe」は固有名詞なので、どちらかに統一することはできません。
③「未就学児」「および」という表現は、役所の公的文書では頻繁に使われています。しかし、保護者向けの「こども cafe」のお知らせとしては、やや堅く、親しみに欠けます。
④「こども cafe」は月１回しか開かれないので、育児の緊急時に対応する場ではありません。緊急性を示す必要はありません。

問３

解答例１：問２の問題点を踏まえ、以下のように修正しました。

・一文一義にする。
・「未就学児」「および」という表現をやわらかい表現に変える。

> 市民センターのカフェでは、毎月第１水曜日に「こども cafe」をオープンしています。対象は、まだ小学校に通っていないお子さんと保護者です。こども cafe では、保護者同士が交流したり、保育士さんや栄養士さんに育児について相談したりできます。

解答例２：「開催日」「場所」「対象」は箇条書きにしました。

市民センターでは「こども cafe」をオープンしています。保護者同士が交流したり、保育士さんや栄養士さんに育児について相談したりできます。お気軽にご参加ください。

　開催日：毎月第１水曜日
　場所　：市民センター内のカフェ
　対象　：まだ小学校に通っていないお子さん ＆ 保護者

「保護者」ということばは堅い、「お母さん」にしてはどうかという意見もあると思います。しかし、子育てしているのは母親だけではありません。父親、あるいは祖父母、親戚という場合もあります。「お母さん」と書くと、それ以外の人は自分が除外されたように受け止めるかもしれません。そういう気持ちにも配慮して、「保護者」としました。

第5章

よりよく伝える
改善の取り組み

5.1 改善の結果を確かめるためのアンケートを作る

目的に合わせて質問項目を決める

改善の結果を確かめる方法の1つにアンケートがあります。この**5.1**では、スポーツコーチングのサブスクリプションのWebサイトを例にアンケートの作り方・分析の仕方について紹介します。

このサブスクリプションには複数のプランがあり、プランによって料金や回数などが異なります。Webサイトでは、これらのプランの違いがわかりにくいという問題がありました。また、予約の手順が複雑で迷いやすいという問題も抱えていました。

そこで、各種プランの違いを表形式で説明し、予約の手順もシンプルになるように改善しました。この改善の結果を確かめるために、Webサイトでアンケートを行うことにしました。

アンケートの目的は何？

アンケートを行う場合は、まずアンケートの目的を決め、文章にします。当たり前のことですが、アンケートの目的によって質問項目は変わります。

アンケートを行うことにより、何を知りたいのでしょうか？

「改善の結果を知りたい！」

確かにそうです。しかし、もう少し**目的を具体的にしたほうが、質問項目を考えやすくなります。**このようなときは、図5.1.1のように、**問題点、改善内容、目的、何を知りたいのかを問い（疑問文）の形にする**と、これらを相互に関連させて考えることができます。

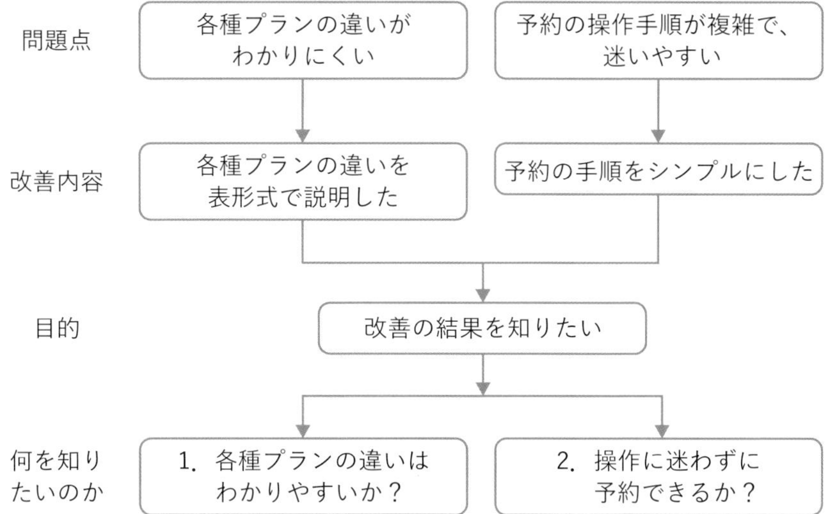

▶図 5.1.1　Web サイトの問題点・改善内容・アンケートの目的の図解

> 今回のアンケートでは、改善の結果を把握するために以下の 2 点を調べることを目的とします。
> 1. 各種プランの違いはわかりやすいか？
> 2. 操作に迷わずに予約できるか？

▶図 5.1.2　アンケートの目的を文章にする

ユーザーが答えにくい質問はNG

何を尋ねているのかあいまいで答えにくい質問があると、アンケート結果の信頼性が低くなってしまいます。

例えば、文例5.1.1の「プランの説明はわかりやすく、迷わずに選べましたか？」という質問は、「わかりやすさ」と「迷わずに選べたか」の2つのことを尋ねています。「あまりわかりやすくなかったけれど、取りあえず迷わずに選べた」という場合、ある人は「はい」を選ぶかもしれませんし、別の人は「いいえ」を選ぶかもしれません。同じ状況なのに回答が異なるというアンケートでは、信頼性の低い結果になってしまいます。

迷わずに答えられる質問にする

ユーザーが迷わずに答えられるように、次の点に気を付けます。

- **1つの質問で1つのことを尋ねる**
- **わかりやすいことば・表現を使う**
- **何を尋ねているか、はっきりとわかる表現にする**
- **回答を誘導するような表現を使わない**

質問項目だけでなく、選択肢も重要です。わかりやすさや使いやすさのように、程度を尋ねる質問の選択肢は、**選択肢同士の距離感がほぼ同じになるようにことばを調整します。**

例えば、文例5.1.1の「非常に」と「とても」は同じ程度です。それに比べると「とても」と「まあまあ」は離れており、選択肢同士の距離感がそろっていません。また、「わかりやすい」については3つも選択肢があるのに、「わかりにくい」の選択肢が1つしかないのも問題です。

文例5.1.2は、「どちらともいえない」を中心として、それぞれの選択肢の距離感がほぼそろっています。中間の選択肢「どちらともいえない」を入れるかどうかは、アンケートの目的や質問項目によります。中間の意見も大切にしたいのならば「どちらともいえない」も入れます。

文例5.1.3のように、**目盛りを使った選択肢**もあります。最小値と最大値のところだけにことばを示し、その間は数値だけを示します。回答者は数値を選択します。

▶**文例 5.1.1　答えにくい質問・ダメな選択肢**

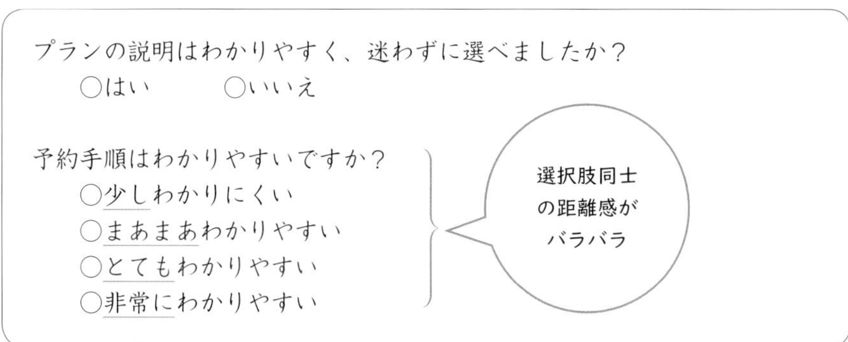

プランの説明はわかりやすく、迷わずに選べましたか？
○はい　○いいえ
予約手順はわかりやすいですか？
○少しわかりにくい
○まあまあわかりやすい
○とてもわかりやすい
○非常にわかりやすい
選択肢同士の距離感がバラバラ

▶**文例 5.1.2　答えやすい質問・よい選択肢**

各種プランの違いはわかりましたか？

○よくわからなかった
○あまりわからなかった
○どちらともいえない
○まあまあわかった
○よくわかった

▶**文例 5.1.3　目盛りを使った選択肢**

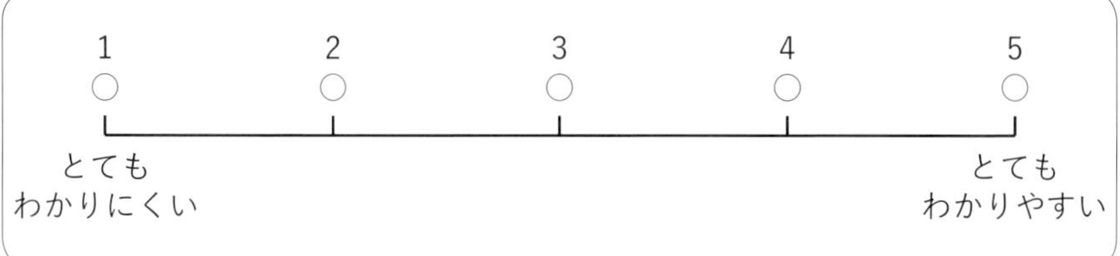

アンケート全体をレイアウトする

アンケートは、**依頼文・質問本体・属性・お礼から構成**されます。

依頼文には、タイトル、アンケートの目的、回答データの扱い、個人情報の扱い、回答にかかる時間、問い合わせ先などを書きます。謝礼がある場合は、謝礼の内容、受け取り方についても説明します。

質問数が少ない場合は、依頼文からお礼までを1つのページにまとめることができます。質問数が多い場合は、図5.1.3のようにグループに分け、適切な見出しを入れるとわかりやすくなります。グループごとにページを分けることもできます。

属性は回答者のプロフィールのことです。性別、年齢、職種、年収、学歴、未婚・既婚などを指します。企業が提供しているサービスでは、ユーザー登録の際に性別などの属性についても回答してもらうことが多いです。アンケートの回答者が登録ユーザーのみならば、属性は登録ユーザーのデータベースから参照することができるので、アンケートでは属性の回答を省略できます。

回答しなければならない箇所が多いほど、回答時間は長くなり、回答者の負担が増します。「まだあるのかぁ……」と思うと、回答もいい加減になりがちですし、途中でやめてしまうこともあります。**目的と照らし合わせ、本当に必要なことだけを尋ねるようにします。**

アンケートをレビューしてもらう

アンケートが作成できたら、同僚や知り合いにレビューしてもらいます。レビューで大切なのは、**ユーザーになったつもりで実際に回答してもらうこと**です。わかりやすく作成したつもりでも、実際に回答してもらうと、回答しにくいということがよくあります。また、回答時間も測ります。想定よりも時間がかかることもあります。

▶文例 5.1.4　アンケートの依頼文の例

アンケートにご協力ください

このアンケートは、サイトのわかりやすさに関するものです。アンケートにご協力くださいますようお願いいたします。

・回答時間は 10 分程度です。

・回答いただいたすべての方に、10 ポイントを進呈します。

・回答内容および個人情報はサイトの改善に使用します。それ以外の目的で使用されることはありません。

アンケートに関するお問い合わせ先は、○○○ @ ○○○○

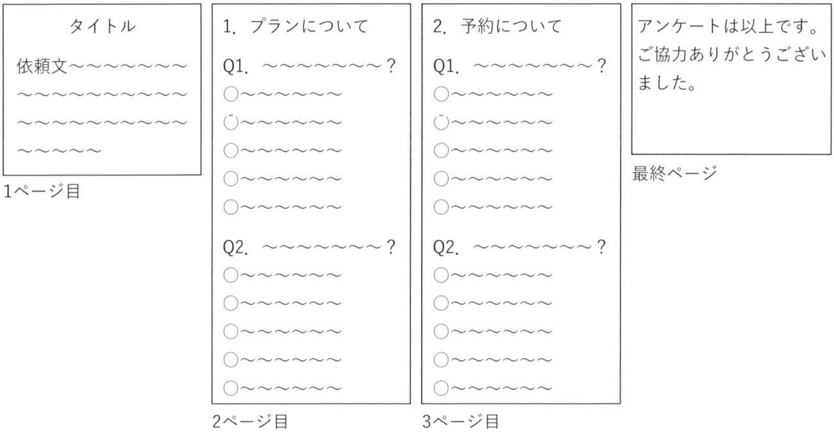

タイトル

依頼文～～～～～～～～～～～～～～～～～～～～～～～～～～～～～～～～～～～

1ページ目

1. プランについて

Q1. ～～～～～～～～？

○～～～～～～～
○～～～～～～～
○～～～～～～～
○～～～～～～～
○～～～～～～～

Q2. ～～～～～～～～？

○～～～～～～～
○～～～～～～～
○～～～～～～～
○～～～～～～～
○～～～～～～～

2ページ目

2. 予約について

Q1. ～～～～～～～～？

○～～～～～～～
○～～～～～～～
○～～～～～～～
○～～～～～～～
○～～～～～～～

Q2. ～～～～～～～～？

○～～～～～～～
○～～～～～～～
○～～～～～～～
○～～～～～～～
○～～～～～～～

3ページ目

アンケートは以上です。ご協力ありがとうございました。

最終ページ

▶図 5.1.3　アンケートのページ構成の例

・何を尋ねられているか、よくわからない質問はないか？

・不快な質問・回答したくない質問はないか？
（差別的、プライバシーに立ち入りすぎている、決めつけているなど）

・選択肢は選びやすいか？（当てはまる選択肢がない場合もある）

▶図 5.1.4　アンケートレビューの注意点

5.2 複数の観点からアンケートを分析する

属性と組み合わせて分析する

「わかりやすさ」や「使いやすさ」などの程度について、選択肢を使った質問は、各選択肢の回答数を集計し割合を求めることができます。ここでは、「各種プランの違いはわかりましたか？」という質問の各選択肢について回答数を集計し、さらに詳しく分析する方法を紹介します。

年代別に回答数を集計する

表 5.2.1 は各選択肢の回答数を集計し、その割合を求めたものです。図 5.2.1 は**各選択肢の回答数をグラフにしたものです。グラフにすると、結果を視覚的に捉えることができます。**

図 5.2.1 を見ると、「まあまあわかった」の回答数が最も多く、次に多いのが「よくわかった」であることがわかります。「よくわからなかった」「あまりわからなかった」は少数なので、Web サイトの改善はうまくいったように見えます。

しかし、ユーザーにはいろいろな年代の人がいます。年代によってわかりやすさに違いはないのでしょうか？

アンケートで年代を尋ねていれば、年代別に各選択肢の回答数を集計できます（表 5.2.2）。このように、**2 種類の質問（ここでは「プランのわかりやすさ」と「年代」）を組み合わせた表をクロス集計表といいます。**

このクロス集計表から作成したのが図 5.2.2 と図 5.2.3 です。図 5.2.2 は 20 代、図 5.2.3 は 50 代のグラフです。これらを見ると、20 代は「よくわかった」「まあまあわかった」が多く改善の効果が表れていますが、50 代は「あまりわからなかった」が最も多いです。つまり、50 代にとってはまだわかりにくいところがあると考えられます。

このように、**ユーザーの属性（年齢、性別、職種、年収など）と組み合わせて分析することにより、属性ごとの傾向を把握できます。**

▶**表 5.2.1 「各種プランの違いはわかりましたか？」の回答結果**

	回答数	割合
よくわからなかった	6	4.1 %
あまりわからなかった	18	12.4 %
どちらともいえない	26	17.9 %
まあまあわかった	54	37.2 %
よくわかった	41	28.3 %
合計	145	100.0 %

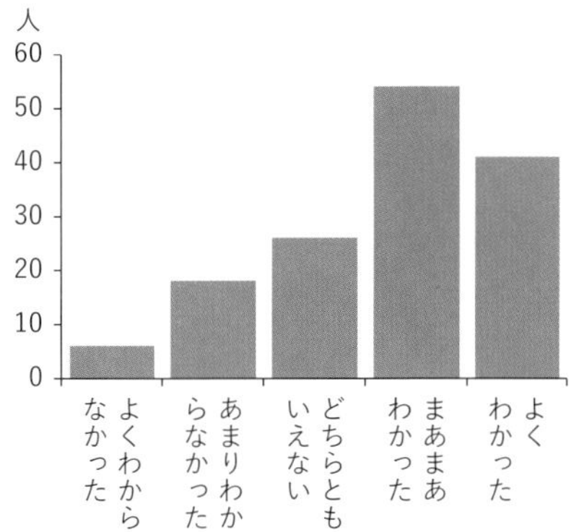

▶**図 5.2.1　回答者全員のグラフ**

▶**表 5.2.2　クロス集計表（年代別の回答数）**

	20 代	30 代	40 代	50 代
よくわからなかった	0	0	2	4
あまりわからなかった	1	2	5	10
どちらともいえない	3	6	9	8
まあまあわかった	14	21	14	5
よくわかった	19	18	4	0

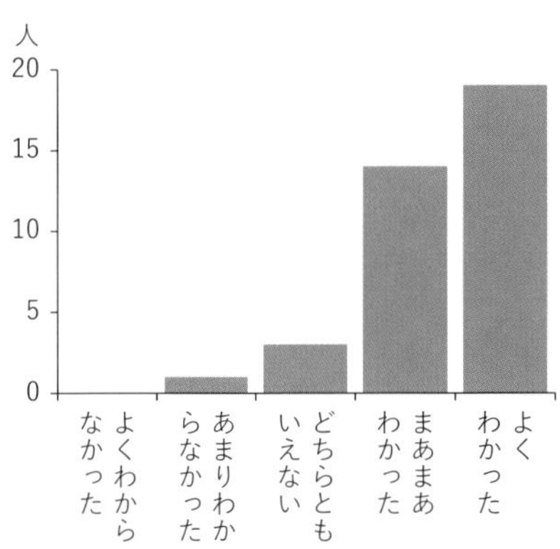

▶**図 5.2.2　20 代のグラフ**

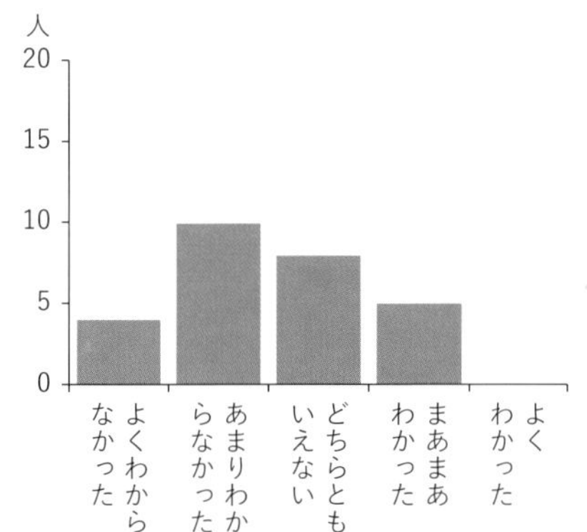

▶**図 5.2.3　50 代のグラフ**

自由記述で詳細な情報を収集する

選択肢による質問は回答者の傾向は把握できますが、「どこがわかりやすいのか／わかりにくいのか」「なぜなのか」といった具体的なことまではわかりません。このような**詳しい情報を得たいときは、アンケートの中に自由記述欄を設けます。**

自由記述にラベルを付ける

図 5.2.4 では「各種プランの違いのわかりやすさ」を選択肢で尋ねたあとに、「どのようなところがわかりやすかったのか／わかりにくかったのか」を自由記述で回答してもらうようにしています。

収集した自由記述のデータは、表計算ソフトでラベルを付けると分析しやすくなります（表 5.2.3）。例えば、「表がわかりやすい」という回答ならば「表」というラベルを付けることができます。「文字が大きくて、色がきれい」のように複数のことが含まれている場合は、「文字が大きくて」と「色がきれい」の 2 つに行を分け、それぞれ「文字サイズ」「色」というラベルを付けます。

ラベルを付けたら、各ラベルの件数を集計します（表 5.2.4）。ラベルの件数から、どのようなところがわかりやすかったのか／わかりにくかったのかがわかり、次の改善へとつなげることができます。

いろいろな分析手法を知る

統計学では、人数のように数量化できるデータを量的データ、自由記述のような文字のデータを質的データといいます。量的データを用いて評価することを定量評価、質的データによる評価を定性評価といいます。定量評価、定性評価には、さまざまな手法があります。この **5.2** で紹介したクロス集計表やラベル付けも分析手法の 1 つです。

分析手法をもっと知りたいという方には、初心者向けの統計学の書籍をおすすめします。統計学による分析手法を知ると、さらに有益な情報を得ることができます。

Q1　各種プランの違いはわかりましたか？
○よくわからなかった
○あまりわからなかった
○どちらともいえない
○まあまあわかった
○よくわかった

Q2　どのようなところがわかりやすかったですか？

Q3　どのようなところがわかりにくかったですか？

▶図 5.2.4　自由記述を入れたアンケート

▶表 5.2.3　自由記述のラベル

回答者No	Q1．各種プランの違い	Q2．わかりやすいところ	ラベル	Q3．わかりにくいところ	ラベル
1	よくわかった	表がわかりやすい	表	特になし	なし
2	まあまあわかった	文字が大きい	文字サイズ		無回答
3	よくわからなかった		無回答	色使い	色
4	よくわからなかった	ない	なし	文字が多い	文字量
145	まあまあわかった	比較表	表	色が多すぎ	色

▶表 5.2.4　「わかりにくいところ」のラベル数

ラベル	件数
なし	55
色	26
文字量	21
無回答	43

5.3 比較して確かめる

どちらがいいのか迷ったら、試してみる

Webを活用したサービスは、運用したあとも改善が繰り返されます。例えば、「期待したよりも会員登録してくれるユーザーが少ない…」、「もっと先の画面まで見てほしいのに、最初のページで離脱してしまう」というような場合に、「A/Bテスト」を活用することができます。

A/Bテストは、Aパターン、Bパターンの2つのデザイン案を用意して、どちらがより目的に対して効果があるかを検証するものです。画面のデザインを改善するときには、さまざまなアイデアが出てきます。それらを机上の議論だけで終わらせず、実際に試してみることができる手法です。図5.3.1のようにデザインAとデザインBを用意し、条件をそろえてどちらが目標に近い数字を出したかを分析するものです。

A/Bテストを効果的に行うには

A/Bテストは、Aパターンがよいのか、Bパターンがよいのか仮説を立て比較する、改善のための手法です。したがって、よいユーザー体験を提供するためにサービス開発をする、最初のデザインプロセスでは使いません。**運用の段階で、デザインを改善してよりよくするために使います。**

A/Bテストを成功させるには、目的を明確にすることです。例えば、次のような目的が考えられます。

- **トップページから次のページへ移動する率を向上させる**
- **Webサイトの離脱率を低くする**

アプリの検索や広告からたどり着いたトップページから、いかに次のページを見る人を増やすかのかという目的に、A/Bテストが多く使われます。検証する部分を絞って比較することが重要で、図5.3.2にあるような要素から1つ選んで、AパターンとBパターンを作成します。

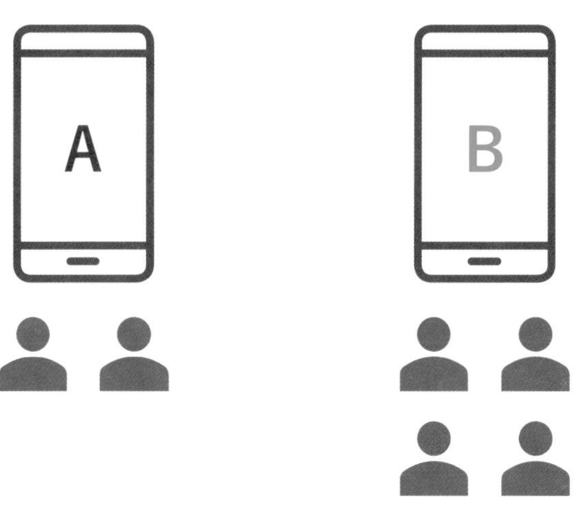

▶図 5.3.1　A、B、2 つのパターンのデザインを用意し、どちらが効果的か比較する

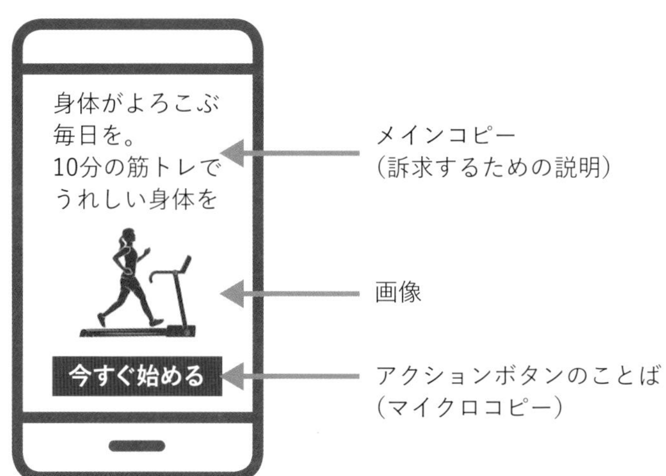

▶図 5.3.2　A/B テストでの検証に適した画面の要素

行動につながる「ことば」かどうかを検証する

画面の検証する要素を決めたら、2つのパターンを作成します。**比較する要素は1つに絞りましょう。**例えば、トップページで次のページに移動するボタンに書かれている文言を検証するとしたら、ボタンの大きさや色、位置は同じにして、書かれていることばだけを2パターン作成します。図5.3.3のパターンのように「会員登録」といった簡潔な機能名と、Bパターンの「今すぐ始める」といったユーザーの行動に結びついたことばのどちらが好まれるのかを検証します。Bパターンから次のページへ移動した人が多かった場合、さらに文言を用意して、より効果の高いことばを検証していくとよいでしょう。

検証するには、実際のWebサイトで2つのページに振り分けるように準備して検証するほか、A/Bテストの効果検証ツールを利用する方法もあります。

数だけでなく、定性評価も検討する

A/Bテストは、Webサイトの再構築といった大掛かりな変更をしなくても、今あるサイトで効果を高めるために有効な手法です。ただし、これらはどちらを選んだ人が多かったか数を調べ、仮説を基にしたAパターンとBパターンの結果を参考するための定量評価です。

なぜ、Bパターンがよかったのかを知ることはできません。理由を引き出して、ユーザーのニーズや意識をしていなかった課題を引き出すには、インタビューのような定性評価が必要になります。

Web解析、アンケート、A/Bテストと、運用段階でそれぞれの手法でできること・できないこと、メリット・デメリットを理解して、評価の手法を選んだり、組み合わせたりして実施しましょう。

身体がよろこぶ
毎日を。
10分の筋トレで
うれしい身体を
会員登録
Aパターン
身体がよろこぶ
毎日を。
10分の筋トレで
うれしい身体を
今すぐ始める
Bパターン
A/Bテストは、どちらの画面が有効なのか、数値から検証できますが、なぜなのか？はわかりません
定性評価は、ユーザーインタビューなどから引き出します

▶図 5.3.3　定量評価と定性評価を使い分ける

5.4 レビューにより完成度を高める

いつレビューする？

レビューとは、作成したもの、あるいは作成途中のものが目的に対して適切か、目的を達成できているかを吟味することをいいます。

レビューは、完成版だけでなく、開発の途中段階でも行います。図5.4.1は、Webサイトの開発段階の例です。途中段階ではレビューせずに、最後の完成版をレビューしたら……

「サイト全体のページ構成に問題がある。やり直し！」

こんなコメントをもらったら大変なことになります。今までに費やしてきた時間が無駄になってしまいます。

このようなことにならないように、**企画段階、設計段階、制作段階の各段階でレビューを行う**ようにします。

誰がレビューする？

レビューは、開発者だけでなく、その商品やサービスにかかわっている人たちにも行ってもらうようにします。

レビューをする人をレビューアといいます。レビューアには以下のような人があげられます。

- ディレクター／マネージャ：プロジェクト全体を管理する
- デザイナー：ページのレイアウトなどをデザインする
- ライター：テキスト（文章）を書く
- 校閲：文章の誤り、表現の不統一などをチェックする
- 顧客サポートの担当者：ユーザーと普段から直接接する業務を担当している。FAQの担当者、ユーザーセミナーの講師、営業職などが含まれる

ベータ版をユーザーにレビューしてもらうこともあります。

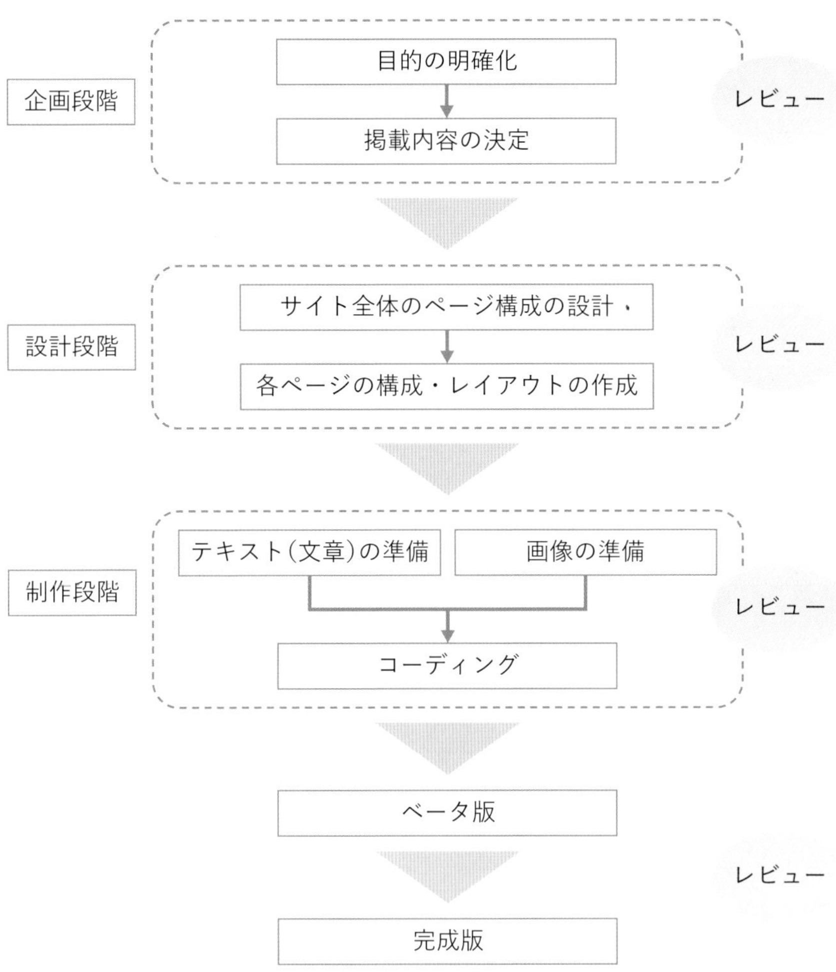

▶**図 5.4.1　Web サイトのレビューのタイミング**

どうやってレビューする？

「レビューしてください」といわれても、何をどのようにレビューすればよいのか、頼まれたほうは困ってしまいます。ここでは、用語集を使う方法とチェックリストを使う方法とを紹介します。

用語集を使ってチェックする

複数の担当者でテキスト（文章）を書く場合、専門用語などのことばが統一されないことがあります。各担当者が書いてから、これらのことばを統一するのは手間がかかりますし、チェック漏れが生じる可能性もあります。

そこで、最初に「用語集」を作っておきます。図 5.4.2 の例では、表計算ソフトを使って用語集を作成しています。**「使うことば」と「使わないことば」を表形式で整理しておくと、文章を書く際に確認できますし、レビュー時も用語をチェックしやすくなります。**

統一が必要なことばは気づいたときにどんどん追加していきます。「フリガナ」の列で昇順にすると、常にアルファベット順、五十音順に並べることができ、探しやすくなります。

チェックリストを使ってチェックする

チェックリストは、チェック項目をただ並べるだけでなく、**チェックの観点ごとにチェック項目を分けると、チェックしやすくなります。**

表 5.4.1 のチェックリストはテキスト（文章）をチェックするためのものです。「語」「文」「構成」「形式」の観点をあげています。

チェックする際は、これらの観点ごとにチェックするとよいです。例えば、最初に「語」をチェックし、次に「文」をチェックする、という具合です。すべての観点の全チェック項目を同時にチェックするのは、負荷が高く、見逃してしまいます。観点ごとにチェックするほうが見逃しもなく、効率的です。

	A	B	C
1	使う	使わない	フリガナ
2	Webサーバ	WWWサーバ	ウェブサーバ
3	Webページ	ページ、ホームページ	ウェブページ
4	コンピュータウィルス	ウィルス	コンピュータウィルス
5	サーバ	サーバー	サーバ
6	ファイル形式	ファイルの種類	ファイルケイシキ
7	ファイルサイズ	ファイル容量	ファイルサイズ
8	フッタ	フッター	フッタ
9	ヘッダ	ヘッダー	ヘッダ
10	ユーザID	ユーザーID	ユーザアイディー

▶図 5.4.2　表計算ソフトを使った用語集

▶表 5.4.1　チェックリストの一部

観点	チェック項目
語	□同一内容は同じことばで表しているか？ □専門用語を説明なしに使っていないか？ □何を指しているかわからない指示代名詞がないか？ □～～～～～～～～～～～～～～～～～～～～～～～？
文	□主語と述語が対応しているか？ □読点が適切な位置に打たれているか？ □一文一義：1 つの文に 1 つのことを書いているか？ □～～～～～～～～～～～～～～～～～～～～～～～？
構成	□見出しの階層構造は適切か？ □見出しにダブり・モレ・ズレはないか？ □～～～～～～～～～～～～～～～～～～～～～～～？
形式	□文字サイズは適切か？ □文字フォントは適切か？ □～～～～～～～～～～～～～～～～～～～～～～～？

5.5 組織として評価と改善のプロセスを繰り返していく

サービス開始のあとも取り組みは続く

ユーザー体験に着目したサービスでは、商品をリリースしたあとも絶えず改善が続けられます。**3.1** で説明したUXデザインのプロセスは、図5.5.1のように最後の**提供のプロセスで終わるのではなく、最初の「調査・分析」へ戻ります**。提供に評価を実施しながら、次期バージョンや新機能、新サービスの追加の計画につなげていきます。

UXデザインは、図5.5.2のように**製品やサービスを提供後、ユーザーとともに新しい体験、価値を創造する関係性を作り上げていく**ことが重要です。

展開のプロセスで行うこと

UXデザインのプロセスでは、提供段階で次の3つに取り組みます。

- **デザイン指針の取りまとめ**
- **コンセプトブックの作成**
- **長期的モニタリング**

「デザイン指針」は、製品やサービスの企画書とデザインに関する仕様書を基に作成します。ビジュアルデザインならば、ブランドカラーやロゴなど製品ブランドに関連するイメージを使って、統一感のあるデザインが行えるように示したものです。文章表現や用語についても、製品やサービスで使用するスタイルを決めておきます。

「コンセプトブック」は、製品・サービスのコンセプトをわかりやすく表現したものです。チームメンバー全員が共有し、新たに参加したメンバーにも適切にコンセプトを伝えるために使用されます。

「長期的モニタリング」では、UXデザインの測定手法を使って、当初の計画に基づいた成果が出ているか、目標とするユーザー体験が提供できているかを継続的に測定します。

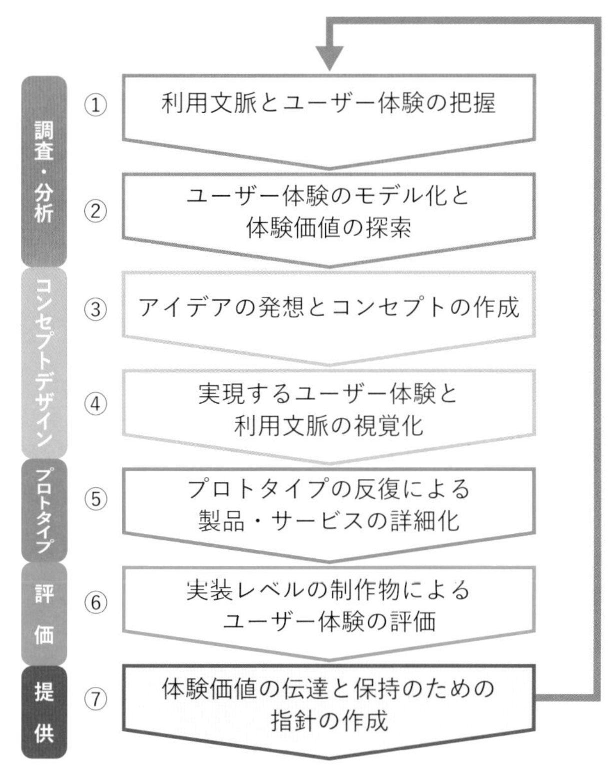

出典）左図：安藤昌也「UXデザインの教科書」丸善出版、p. 108（2016）より一部抜粋。右の矢印は著者によるもの

▶図 5.5.1　UX デザインのプロセス。提供後は調査・分析のプロセスへ戻る

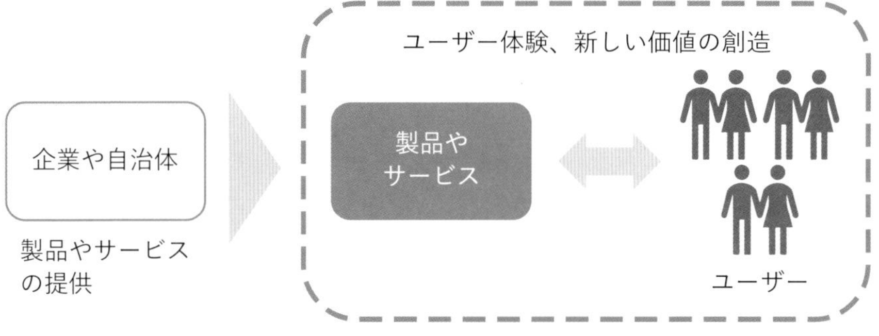

▶図 5.5.2　UX の発展形。よりよい体験を提供し、新しい価値を創造する

経営者へのアプローチも重要

UXデザインの取り組みを組織へと展開していくことは、経営者の理解と推進力が必要となります。しかし現在の段階では、経営層にUXやデザイン思考を理解してもらうことは、そう簡単なことではないかもしれません。日本の企業がサービスデザインの考え方を取り入れ、新しいビジネスを生み出さなければ生き残っていけないと、国も取り組んでいます。特許庁が平成30年に公開した『デザインにピンとこないビジネスパーソンのための“デザイン経営”ハンドブック』と『「デザイン経営」の課題と解決事例』もその成果の1つです。

これらの報告書では、図5.5.3に示す8つの課題を洗い出し、先行している企業の解決事例が紹介されています。例えば、「①経営陣の理解不足」の課題に、パナソニックでは「経営者に理解してもらえることばでデザインを説明する」ことに力を入れていると書かれています。

UXライティングを活用して組織へ理解を広める

UXライティングは、製品やサービスに組み込み、ユーザーに読んでもらう説明で使われるだけではなく、**組織の中で関係者に共通の理解を促し、業務をスムーズに進めるためにも、大いに役立ちます。**

経営者に理解してもらうことはもちろん、立場の異なるさまざまな人が、デザインコンセプトに基づいた良質な製品やサービスを提供するためには、さまざまな文書やツールの活用が必須になります。

例えば、「コンセプトブック」の作成では、関係者が理解しやすく、共感をもって業務にあたれるような表現が重要になるでしょう。**5.4**で紹介したレビューの方法で解説した用語集やチェックリストの作成にも、UXライティングの技術が発揮されます。

また、各プロセスでノウハウを共有し、効率的かつ効果的に進めるための連絡文書にも、UXライティングの技術が役立つことでしょう。図5.5.4のように、各業務プロセスで使用する文書やメール、メッセージ作成にUXライティングを活用していきましょう。

デザイン経営の課題

①経営陣の理解不足
②全社的な意識の不統一
③用語・理解の不統一
④人材・人事
⑤効果を定量化できない
⑥組織体制・評価資料ができていない
⑦ビジネスとの両立
⑧既存プロセスへの組込

出典：特許庁『「デザイン経営」の課題と解決事例』
https://www.meti.go.jp/press/2019/03/20200323002/20200323002-2.pdf

▶図 5.5.3　デザイン経営の課題

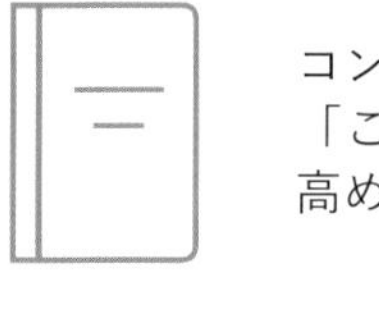

コンセプトブックで、わかりやすい「ことば」を使ってデザインの考えやUXを高めるための戦略を提供する

原稿作成やレビューのチェックリストに、UXライティングでのわかりやすさのポイントを盛り込む

ユーザーとのやり取り、社内外の業務の連絡に、読み手(ユーザー)視点の文章を活用する

▶図 5.5.4　業務プロセスでの UX ライティング活用

第5章 演習

第５章の例題として使用したスマホアプリで利用する「フィットネスアプリ」の、ユーザーに対するアンケートを設計してみましょう。

問１

無料の１カ月のトライアル期間を終え、有料会員のスタンダードプランになっている人に向けて、料金プランの妥当性を調査するアンケート調査をしたいと考えています。どのような選択肢を設定しますか？

質問文と回答の選択肢を考えてください。

▶プランと料金一覧

プラン名	サービス内容	月額料金（税別）
ライトプラン	・毎週、その週のフィットネスプラン7プログラムが配信される	500円
スタンダードプラン	・毎週、その週のフィットネスプラン14プログラムが配信される ・何分行ったかを記録できる	1,000円
エクセレントプラン	・毎週、その週のフィットネスプラン21プログラムが配信される ・何を何分行ったかを記録でき、アドバイスを受けられる	2,000円

Q1 ______________________________

____

○ ______________
○ ______________
○ ______________
○ ______________
○ ______________

問 2

このサービスでは、ライトプランからエクセレントプランに移行する人が増えないことが課題となっています。

エクセレントプランを選択していない理由を調査するために、自由記述欄を盛り込んだ質問と選択肢を考えてください。

Q2 ______________________________

____

○ ______________
○ ______________
○ ______________
○ ______________
○ ______________

第5章 演習　解答例と解説

5.1 と 5.2 を参考に、アンケートの質問を作成しましょう。

意図を理解しやすく、答えやすいように設計することがポイントです。

問 1

エクセレントプランの料金プランの妥当性を調査するために、金額が高いかどうかを聞く質問を検討します。

例えば、金額が高いことが問題であると考える場合、次のような質問と選択肢が考えられるでしょう。

Q1 「エクセレントプラン」は、チャレンジできるプランが豊富なほか、個々にアドバイスも受けられます。このサービスの月額料金について、どのように思いますか？ 選択肢から１つ選んでください。

- ○　とても高い
- ○　少し高い
- ○　ちょうどよい
- ○　少し安い
- ○　とても安い
- ○　わからない

問 2

なぜ、エクセレントプランを選択しないのか、ユーザー視点で選択肢を考えましょう。

複数選べる選択肢を作成するときは、似たような選択肢をグルーピングして並べると答えやすくなります。

Q2 「エクセレントプラン」の選択をしていない理由をお聞かせください。複数項目を選択いただけます。

□料金が高いから
□プログラムが多すぎるから
□プログラムの内容が期待するものと違うから
□時間が取れないから
□アドバイスは不要だから
□その他（自由にお書きください）

まずは１人でUXライティングを始めるためのヒント

UXデザインやUXライティングの重要性を理解し、仕事で活かしたいと願っているけれど、どこから手を付けたらよいのかわからない……。そんな人に向けて、１人で今日からUXライティングを始めるためのヒントをまとめました。

「UXって何だ？」「どう儲けるのか？」と、周囲の理解がない状況なら

UXデザインやユーザー体験が重要だと説明しても、同僚や上司の同意を得られない場合があるかもしれません。「デザイン思考」や「サービスデザイン」を説明してもピンとこない顔をされる場合があるかもしれません。

しかし、ここで諦めないでください。新しい仕事の仕方を誰もが受け入れたいわけではありません。変化を求めず、新しいチャレンジを面倒だと思う人もいます。やってみたい、変えていきたいと思ったら、まずは小さなチャレンジをすることです。社内の小さな業務改善の取り組みを提案することでも、プロジェクトの文書をまとめることでもいいのです。自分ができることを対象として、UXデザインの考え方を取り入れて、アウトプットするのです。図１は第３章で解説したUXデザインのプロセス図に、何ができるかをまとめものです。UXデザインのプロセスを使って調査・分析し、コンセプトデザインをし、プロトタイプを作ってみましょう。

小さく始めてステップアップする

実際のサービスデザインの場合でも、小さなプロトタイプを作って、評価し、それを分析し、改善するといったサイクルを回していきます。

自分１人であっても、こうしたプロセスに従って、仕事を進める経験をしておくことが、次のチャンスに活きてきます。ユーザー評価の段階で、最初は必ずしもよい評価を受けないかもしれません。ユーザーである上司からは、厳しい指摘を受けることもあるでしょう。

それを活かして改善を続けられるかどうかが、次のステップの鍵となります。理解が得られないなら、わかってもらうための資料を作成する、日頃の雑談の中で何を求めているのか、どのような案ならば受け入れられるのかニーズを引き出すなど、できることはたくさんあります。

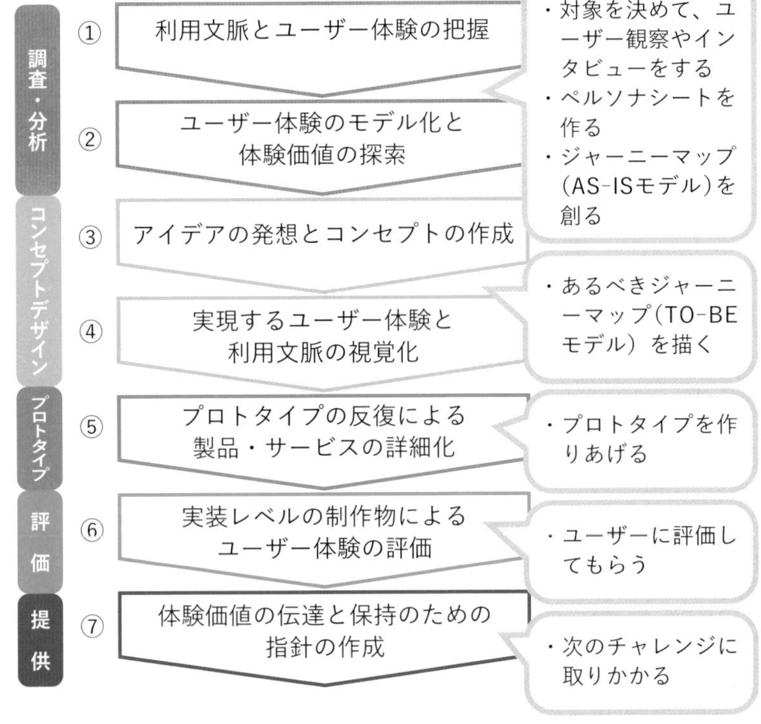

出典）左図：安藤昌也「UXデザインの教科書」丸善出版、p. 108（2016）より一部抜粋。右図：著者によるもの

▶**図1　UX デザインのプロセスと実際の取り組み**

知識と人脈を増やす

実際に取り組んでみると、わからない点、課題が見えてくることでしょう。それらの弱点を補強するのに有効なのが、社外の勉強会や研究会に参加することです。最近はオンラインの勉強会も増えてきました。

「初心者なので大丈夫かな……」と気後れすることはありません。一方的に学んで吸収するのではなく、自分なりに考えて、わからないことを質問したり、発言したりしましょう。発表者や他の参加者にとっては、その疑問が役立つこともあります。

知識と人脈を身に付けて、ステップアップの道筋にどのようなものがあるのかを調査し、自分の将来を見出していきましょう。UX デザインの考え方とアウトプットの文章力を武器に、自分のキャリアそのものをデザインしていきましょう。

おわりに

「UX ライティング」をテーマとした本書を手に取り、最後まで目を通してくださり、ありがとうございます。まだ新しいことばである「UX ライティング」について、なるほどと納得し、仕事に活かすヒントを得ていただけたなら、著者としてこの上なくうれしく思います。

本書を企画するきっかけは、著者 高橋が人間中心設計推進機構（HCD-Net）の基礎認定制度検討ワーキンググループに 2018 年度から参加し、UX デザイン関連書籍を探す作業の中で、「UX Writing」というキーワードをタイトルや概要に入れた書籍が続々と登場し、日本でも UX ライティングの本を作りたいと思ったことです。そうした書籍を集めて読むうちに、マーケティング視点や画面に表示するマイクロコピーの UX ライティングだけでなく、顧客とのコミュニケーションや社内のやり取りに UX ライティングの技術が活かせるだろうと考え、「ビジネスパーソンの新教養」と少し範囲を広げて、次のような方針で構成を組み立てました。

ユーザーを幅広く捉える

本書では、「ユーザー体験（UX）」のユーザーを、顧客や利用者だけでなく、関係者を含めて幅広く捉えています。企業ならば、情報システムを操作する人だけでなく、そこで分析される情報を利用する関係者も含めて、ユーザーと捉えています。

ユーザーの行動を見て、気持ちを聞く

ユーザー体験を高めるということは、ユーザーを知ることが何より大切です。しかし、ユーザーを知っているつもりでいても、困っていることや課題については捉えきれていないケースが多くあると考えました。そこで UX デザインのプロセスを活用して、ユーザーの行動分析やニーズを引き出す手法を紹介しました。

ユーザーの気持ちに寄り添い、体験価値を高めるために

人が何を快適と考えるのか、どのようなことばを使って伝えると安心につながるのかといった、人を中心としたサービスの考え方は、これからの社会にとって重要な視点です。

2020年は新型コロナウイルス感染症が世界中で拡大し、ビジネスのあり方、生活様式が変わり、いかに生きるかを誰もが考える年となりました。共著の冨永さんとも直接会うことは限られ、東京と函館とでオンライン会議ツール、メールを使ってコミュニケーションを取りながら執筆を進めました。

人と人との距離の取り方、つながりを考える年だからこそ、互いの理解を高めるための「ことば」の使い方を丁寧に考えるチャンスではないかと実感しています。

UXライティングの技術を活用していくために、読者の皆さまともつながり、次のステージへと歩んでいくことを願っています。

謝辞

ご多用のところ取材に応じ、原稿執筆への協力、示唆に富むアドバイスをいただきました皆さまに、心から感謝をいたします。

HCD-Net 早川誠二さん、株式会社コンセントの大崎優さん、黒坂晋さん、太田文明さん、岩楯ユカさん、株式会社ヤマハミュージックジャパン お客様コミュニケーションセンター 平井大生さん、池上健一さん、公立はこだて未来大学 和田雅昭教授、大沢英一教授、櫻沢繁教授、オンライン授業を頑張っている公立はこだて未来大学の教員の皆さん、画面使用を許諾いただいた企業の関係者の皆さま。誠にありがとうございました。

2020年10月　髙橋 慈子

参考書籍・おすすめ書籍

UXデザイン、ライティング、調査・分析手法に関して、より詳しく知るための参考書籍と資料としてお役立てください。

UXデザイン関連

- 「UX Fundamentals for Non-UX Professionals: User Experience Principles for Managers, Writers, Designers, and Developers」Edward Stull、Apress（2018）
- 「UX原論―ユーザビリティからUXへ―」黒須正明、近代科学社（2020）
- 「UXデザインの教科書」安藤昌也、丸善出版（2016）
- 「UXデザインのための発想法」松原幸行、近代科学社（2019）
- 「Web制作者のためのUXデザインをはじめる本 ユーザビリティ評価からカスタマージャーニーマップまで」玉飼真一、村上竜介、佐藤哲、太田文明、常盤晋作、株式会社アイ・エム・ジェイ、翔泳社（2016）
- 「実践デザインマネジメント―創造的な組織デザインのためのツール・プロセス・プラクティス（デザインマネジメントシリーズ）」イゴール・ハリシキヴィッチ（著）、篠原稔和（監訳）、ソシオメディア（翻訳）、東京電機大学出版局（2019）
- 「人間中心設計入門（HCDライブラリー）」山崎和彦、松原幸行、竹内公啓（編著）、黒須正明、八木大彦（編集）、近代科学社（2016）

ライティング関連

- 「Strategic Writing for UX: Drive Engagement, Conversion, and Retention with Every Word」Torrey Podmajersky、O'Reilly Media（2019）
- 「技術者のためのテクニカルライティング入門講座」髙橋慈子、翔泳社（2018）
- 「伝わるWebライティング―スタイルと目的をもって共感をあつめる文章を書く方法―」ニコル・フェントン、ケイト・キーファー・リー（著）、

遠藤康子（翻訳）、ビー・エヌ・エヌ新社（2015）

- 「日本語スタイルガイド（第3版）」一般財団法人テクニカルコミュニケーター協会（編著）、テクニカルコミュニケーター協会出版事業部（2016）

調査・分析手法関連

- 「UXリサーチの道具箱―イノベーションのための質的調査・分析―」樽本徹也、オーム社（2018）
- 「アンケート調査の進め方（第2版）（日経文庫）」酒井隆、日本経済新聞出版（2012）
- 「現場のプロがやさしく書いたWebサイトの分析・改善の教科書（改訂2版）」小川卓、マイナビ出版（2018）
- 「身につく 入門統計学」向後千春、冨永敦子、技術評論社（2016）

索　引

アルファベット

あ　行

か　行

さ　行

た　行

な　行

は　行

ま　行

や　行

ら　行

わ　行

●著者プロフィール

髙橋　慈子（たかはし　しげこ）

テクニカルライター。株式会社ハーティネス代表取締役。フリーランスのテクニカルライターとして活動後、1988年テクニカルコミュニケーションの専門会社「株式会社ハーティネス」を設立。企業のマニュアル制作のコンサルティング、人材育成などを提供。慶應義塾大学、立教大学、大妻女子大学　非常勤講師。人間中心設計推進機構（HCD-Net）HCD基礎知識認定制度検討ワーキンググループのメンバーとしても活動。情報処理学会ドキュメントコミュニケーション研究会・運営委員。

http://www.heartiness.co.jp

・著書：「技術者のためのテクニカルライティング入門講座」翔泳社（2018）

冨永　敦子（とみなが　あつこ）

公立はこだて未来大学教授。博士（人間科学）。コンピューター会社、フリーランスのテクニカルライター、早稲田大学人間科学学術院助教を経て、2014年公立はこだて未来大学に着任。専門は教育工学、ライティング教育。主な研究テーマは、インストラクショナルデザインをベースにした授業設計・学習支援とその効果検証。

装丁・本文デザイン　坂井 正規
本文DTP　美研プリンティング

ビジネスマンのための新教養 UX（ユーエックス） ライティング

2020年11月30日 初版第1刷発行

著　者	髙橋 慈子（たかはし しげこ） 冨永 敦子（とみなが あつこ）
発行人	佐々木 幹夫
発行所	株式会社 翔泳社（https://www.shoeisha.co.jp）
印　刷	公和印刷株式会社
製　本	株式会社国宝社

＊本書へのお問い合わせについては、2ページに記載の内容をお読みください。

＊落丁・乱丁はお取り替えいたします。03-5362-3705 までご連絡ください。

ISBN978-4-7981-6745-9　　Printed in Japan